PRINCIPES

DE

MATHÉMATIQUES

3ᵉ PARTIE. — GÉOMÉTRIE ET TRIGONOMÉTRIE.

PAR M. L. CH.

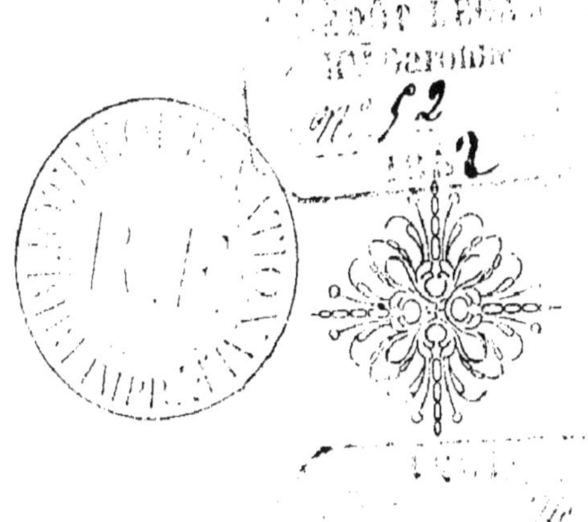

TOULOUSE

VEUVE DIEULAFOY, IMPRIMEUR

rue des Chapeliers, 13.

1851

Si l'on veut s'en tenir aux questions les plus élémentaires, on pourra omettre les articles marqués d'une ★.

GÉOMÉTRIE.

—

La Géométrie *est la partie des Mathématiques qui a pour objet la mesure de l'étendue.*

NOTIONS GÉNÉRALES.

L'étendue se compose en général des trois dimensions : *longueur*, *largeur* et *hauteur* ou *profondeur*.

Un *point* est un lieu déterminé dans l'espace, mais sans aucune dimension ; il se désigne par une lettre placée auprès.

Une *ligne* est ce qui a une seule dimension ; elle se désigne en général par deux lettres placées aux extrémités.

Une *surface* est ce qui a deux dimensions.

N. B. Le point, la ligne, la surface ne sont pas des objets physiques ; on ne peut que les concevoir.

Un *volume* ou *solide* est ce qui a les trois dimensions et est limité par une surface quelconque.

Une *ligne droite* est le plus court chemin d'un point à un autre. Exemple : AB.

Une *ligne brisée* est une ligne composée de lignes droites qui ne sont pas dans la même direction ; elle se désigne par la suite des lettres placées aux extrémités et aux points de rencontre. Exemple : la ligne ABCDE.

Une *ligne courbe* peut être considérée comme une ligne brisée dont les éléments rectilignes sont infiniment petits. Exemple : la ligne MN.

Une *surface plane* ou un *plan* est une surface sur laquelle on peut tracer des lignes droites dans tous les sens.

Une *surface brisée* est une surface composée de plans non situés sur le prolongement les uns des autres.

Une *surface courbe* peut être considérée comme une surface brisée dont les éléments plans sont infiniment petits.

La Géométrie se divise en *Géométrie plane* et en *Géométrie dans l'espace*. La première traite des lignes et des figures qui sont dans un même plan; la deuxième traite des lignes et des figures qui sont en général dans des plans différents.

EXPLICATIONS DE QUELQUES TERMES.

Un *axiome* est une vérité évidente par elle-même.

Un *théorème* est une proposition qui devient évidente au moyen d'un raisonnement appelé *démonstration*.

Il est important de remarquer que toute proposition contient une *hypothèse*, c'est-à-dire une supposition, et une *conclusion* ou une vérité à démontrer.

La *réciproque* d'une proposition est une antiproposition, dans laquelle on prend pour hypothèse la conclusion de la première et pour conclusion l'hypothèse.

Un *corollaire* est une conséquence qui découle d'une ou de plusieurs propositions.

Un *scholie* est une remarque.

Un *lemme* est une vérité employée subsidiairement pour la démonstration d'un théorème ou la solution d'un problème.

AXIOMES.

1. Deux quantités égales à une troisième sont égales entr'elles.

2. Deux quantités sont égales quand elles sont surpassées par une troisième d'une même quantité.

3. Deux quantités sont égales quand elles surpassent une troisième d'une même quantité.

4. Deux grandeurs, lignes, surfaces ou solides, sont égales quand, en les supposant placées l'une sur l'autre, elles coïncident dans toute leur étendue.

5. Si à deux quantités égales l'on ajoute ou l'on retranche une même quantité, les résultats sont égaux.

6. Si l'on multiplie ou si l'on divise deux quantités égales par une même quantité, les résultats sont égaux.

7. Le tout est plus grand que la partie.

8. Le tout est égal à la somme des parties dans lesquelles il a été divisé.

9. D'un point à un autre, on ne peut mener qu'une ligne droite.

GÉOMÉTRIE PLANE.

—

CHAPITRE PREMIER.

—

LIGNES DROITES.

DÉFINITIONS. — Un *angle* est la figure formée par deux droites qui se rencontrent. Le point d'intersection s'appelle *sommet*, et les lignes indéfinies qui le forment s'appellent *côtés*.

On désigne un angle par trois lettres, en plaçant celle du sommet au milieu, ou simplement par la lettre du sommet quand on ne peut pas le confondre avec un autre. Ex. : l'angle ABC ou B.

Deux lignes qui, suffisamment prolongées, peuvent former un angle, sont dites *lignes concourantes*.

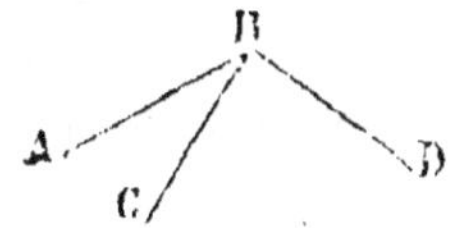

Deux *angles adjacents* sont ceux qui ont le sommet et un côté commun. Exemple : ABC, CBD.

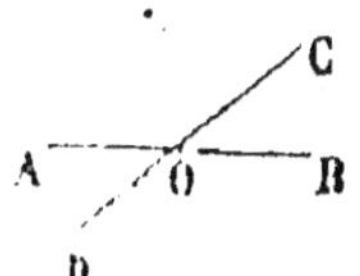

Deux angles sont dits *opposés par le sommet* quand ils sont formés par les prolongements de deux lignes. Exemple : AOD, COB.

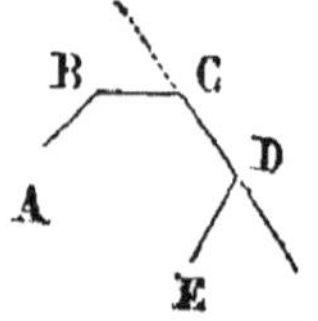

Une *perpendiculaire* est une ligne droite qui forme avec une autre deux angles adjacents égaux. Exemple : CD perpendiculaire sur AB.

Les angles formés par la perpendiculaire sont des *angles droits*.

Un angle *aigu* est un angle moindre qu'un angle droit.

Un angle *obtus* est plus grand qu'un angle droit.

Deux angles dont la somme est égale à un angle droit sont *complémentaires*, ou bien ils sont le *complément* l'un de l'autre.

Deux angles dont la somme est égale à deux angles droits sont *supplémentaires*, ou bien ils sont le *supplément* l'un de l'autre.

Une *ligne convexe* est une ligne brisée telle, qu'en prolongeant l'un quelconque de ses éléments rectilignes, elle soit tout entière d'un même côté de l'élément prolongé.

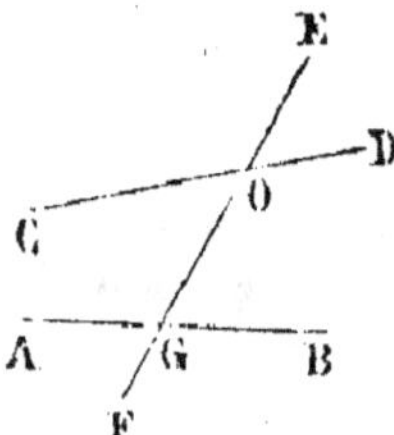

Deux lignes droites sont *parallèles* quand, situées dans un même plan et prolongées indéfiniment, elles ne peuvent jamais se rencontrer. Exemple : AB, CD.

Une *sécante* est une ligne droite qui en coupe plusieurs autres. Exemple : EF est sécante par rapport à AB et CD.

Quand une sécante coupe deux droites, les angles qu'elle forme portent des noms particuliers. On nomme :

1° Angles *intérieurs* ou *internes*, chacun des quatre angles formés entre les deux droites. Exemple : COG, OGA, DOG, OGB.

2° Angles *extérieurs* ou *externes*, chacun des quatre angles formés en dehors des deux droites. Exemple : COE, EOD, AGF, FGB.

3º Angles *alternes-internes*, deux angles formés de côtés différents de la sécante, intérieurs et non adjacents. Exemple : COG, OGB.

4º Angles *alternes-externes*, deux angles formés de côtés différents de la sécante, extérieurs et non adjacents. Exemple : COE, FGB.

5º Angles *internes-externes* ou *correspondants*, deux angles, l'un intérieur, l'autre extérieur, formés d'un même côté de la sécante et non adjacents. Exemple : EOD, OGB.

ARTICLE PREMIER. — *Lignes Concourantes.*

§ 1. Lignes concourantes considérées par rapport aux angles qu'elles forment.

1. THÉORÈME. — *Par un point pris sur une droite, on peut élever sur cette droite une perpendiculaire et une seule.*

Soit la droite AB et le point M.

Supposons qu'une droite MN, d'abord couchée sur AB, tourne autour du point M, dans le sens de la flèche ; elle fera d'abord, au-dessus de AB deux angles adjacents AMN, NMB, dont le premier, d'abord moindre que le second, ira constamment en croissant, tandis que le second décroîtra jusqu'à devenir nul. Celui-ci finira donc par être moindre que le premier. Il faut, par conséquent, qu'il y ait une position de la ligne mobile dans laquelle les deux angles adjacents sont égaux, et il est évident que cette position est la seule. Dans cette position, MN' est perpendiculaire sur AB, au-dessus de cette ligne.

On prouverait de la même manière qu'on peut, au-dessous de AB, par le point M, mener à cette ligne une perpendiculaire et une seule.

Or, je dis que la perpendiculaire menée au-dessous de AB n'est autre que le prolongement MR de la perpendiculaire MN' menée au-dessus. En effet, si l'on imagine que la partie de gauche de la figure tourne autour de N'R et vienne s'appliquer sur la partie de droite, l'angle N'MA égalant l'angle N'MB, la ligne MA prendra la direction de la ligne MB, et par suite les angles AMR, BMR seront égaux. Donc, MR est perpendiculaire sur AB.

Il résulte de là que, par un point M pris sur une droite AB, on peut mener à cette droite une perpendiculaire et une seule.

COROLLAIRE. — Si l'on replie autour de AB la partie supérieure de la figure sur la partie inférieure, MN' prendra la direction de MR ; car autrement, par un même point M pris sur AB, on pourrait lui élever deux perpendiculaires, ce qui est impossible. Il en résulte que l'angle N'MA égale RMA, ou que AB est perpendiculaire sur N'R. Ainsi, *quand une ligne est perpendiculaire sur une autre, réciproquement celle-ci est perpendiculaire sur la première.*

2. TH. — *Par un point pris hors d'une droite, on peut abaisser sur cette droite une perpendiculaire et une seule.*

Soient le point M et la droite AB.

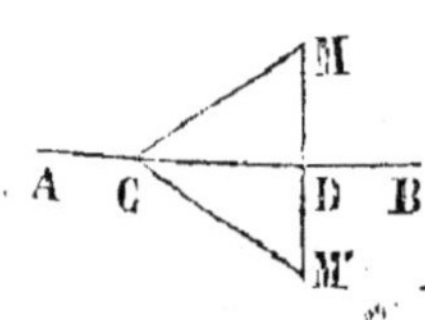

Faisons tourner la partie supérieure de plan autour de la droite AB, jusqu'à ce qu'elle vienne s'appliquer sur la partie inférieure, et soit M' la position que prendra le point M. Après avoir relevé la partie supérieure, tirons MM'. Cette ligne est la perpendiculaire. En effet, en repliant de nouveau, le point D ne changeant pas de position et le point M tombant sur le point M', la ligne MD coïncidera avec M'D ; les angles ADM, ADM' seront donc égaux, et AB sera perpendiculaire sur MM', ou bien MM' sera perpendiculaire sur AB (th. 1, corollaire). Nous disons de plus qu'elle est la seule.

Supposons que toute autre ligne MC pût être perpendiculaire. En repliant la partie supérieure du plan sur la partie inférieure, cette ligne prendra la direction M'C ; donc, M'C serait aussi perpendiculaire sur AB. Mais, alors de deux choses l'une : ou bien M'C est le prolongement de MC, ou bien ces lignes sont distinctes. La première supposition est impossible ; car du point M au point M' on pourrait mener deux lignes droites, ce qui est absurde (ax. 9). La seconde l'est également ; car par le point C, pris sur AB, on pourrait élever deux perpendiculaires à cette ligne, ce qui est encore absurde (th. 1). Donc, MD est la seule perpendiculaire.

3. Th. — *Les angles droits sont égaux entr'eux.*

Soit à prouver l'égalité des angles RTU, GIK.

Si l'on porte la ligne GH sur la ligne RS, de manière que le point I tombe sur le point T, les deux perpendiculaires IK, TU se confondront ; autrement, on pourrait élever d'un même point deux perpendiculaires sur la même ligne, ce qui est impossible (1).

CoROLLAIRE. — Il résulte de cette proposition et de l'axiôme 2, que deux angles sont égaux quand ils ont un même supplément ou un même complément.

4. Th. — *Toute oblique à une droite forme avec celle-ci deux angles adjacents supplémentaires.*

Soit CD oblique sur AB.

Elevons *par construction* au point C la ligne CK perpendiculaire sur AB.

La somme des angles ACD+DCB est égale à la somme des trois angles ACK+KCD+ DCB. Le premier ACK est droit, les deux autres KCD+DCB, forment ensemble l'angle droit KCB ; en tout, deux angles droits. Donc, la somme des angles formés par l'oblique est égale à deux angles droits, ou bien ces angles sont supplémentaires.

CoROLLAIRE 1. — *Si l'un des angles adjacents est droit, l'autre le sera pareillement.* Cela est évident, puisque la somme des angles adjacents est égale à deux angles droits.

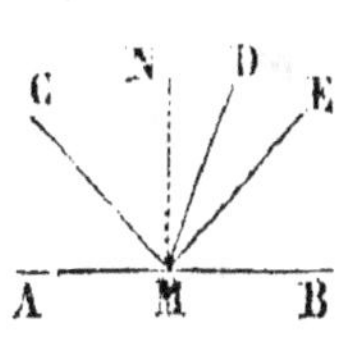

CoROLLAIRE 2. — *Tous les angles consécutifs AMC, CMD, DME, EMB formés d'un même côté de la droite AB pris ensemble, valent deux angles droits.* Cela devient évident en élevant au point M la ligne MN perpendiculaire à AB.

5. Th. — *Si deux angles adjacents sont supplémentaires, les côtés extérieurs sont en ligne droite.*

Soient les angles supplémentaires ACD, DCB. Il faut prouver que AB est une ligne droite.

Si AB n'était pas une ligne droite, CB ne serait pas le prolongement de AC, et ce prolongement serait, par exemple, CS. Alors l'angle ACD serait le supplément de DCS (4) ; mais, par hypothèse, il est aussi le supplément de DCB. Par conséquent, les angles DCB, DCS devraient être égaux (3, coroll.), ce qui ne se peut, à moins que CD et CS ne se confondent, ou que la ligne AB ne soit droite.

6. Th. — *Quand deux droites se coupent, les angles opposés au sommet sont égaux.*

Soit à prouver l'égalité des angles AOC, DOB.

L'angle AOD est le supplément de AOC, ainsi que de DOB (4). Ces deux angles sont donc égaux (3, coroll.)

Corollaire. — *Tant de droites que l'on voudra, se coupant en un point M, forment autour de ce point une somme d'angles égale à quatre angles droits.*

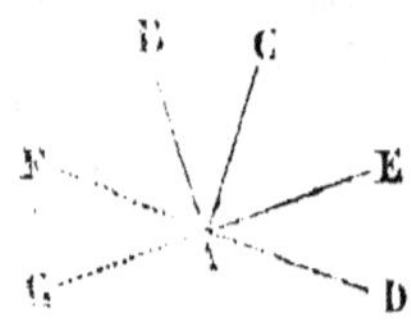

Car, en menant par le point M une droite quelconque AB, et une perpendiculaire NS sur cette droite, les quatre angles droits qu'elle forme sont équivalents à tous les autres.

7. Th. — *Quand deux angles dont le sommet est commun ont leurs côtés respectivement perpendiculaires, ces angles sont égaux ou supplémentaires.*

Soient les deux angles BAC, EAD, dans lesquels BA est perpendiculaire sur AE, et CA sur AD. Le complément de BAC est CAE, celui de EAD est aussi CAE. Ces angles ayant un même complément sont donc égaux.

Si, au lieu de prendre l'angle EAD, on prenait son supplément FAE, qui a aussi ses côtés perpendiculaires à ceux de BAC, cet angle serait encore le supplément de BAC, angle égal à EAD.

Si l'on prolonge le côté AE au-dessous, on obtiendra deux angles respectivement égaux à EAD et à FAE, comme opposés par le sommet ; par conséquent, l'un est égal à BAC, et l'autre est son supplément. La proposition est donc démontrée pour tous les cas.

§ 2. — Lignes concourantes considérées par rapport à leurs longueurs ou aux distances qu'elles déterminent.

8. TH. — *Deux droites qui ont deux points communs coïncident dans toute leur étendue.*

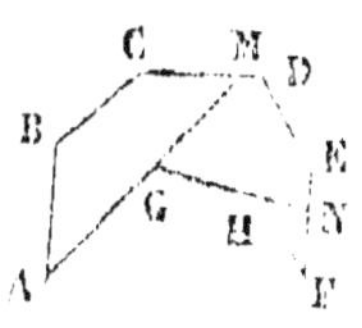

Soient A, M les points communs. Les lignes se confondront évidemment entre ces deux points (ax. 9) ; elles ne se sépareront en aucun point, au point C par exemple ; car si l'on mène par ce point une droite quelconque, CK, l'angle ACK sera le supplément de KCB et de KCD. Ces deux angles doivent donc être égaux, ce qui ne se peut, à moins que CB et CD ne se confondent.

COROLLAIRE. — *Deux droites ne peuvent se couper en plus d'un point.*

9. TH. — *Si deux lignes convexes dans le même sens ont les mêmes extrémités, la ligne enveloppée est la plus courte.*

Soient les lignes ABCDEF, AGHF convexes du même côté. Je dis qu'on a AGHF < ABCDEF.

Prolongeons les côtés de la ligne enveloppée jusqu'à la ligne enveloppante, aux points M, N, on a les inégalités suivantes :

$$AG + GM < AB + BC + CM,$$
$$GH + HN < GM + MD + DE + EN,$$
$$HF < HN + NF.$$

En ajoutant ces inégalités entr'elles , et en effaçant les termes communs aux deux membres , il vient :

$$AG+GH+HF < AB+BC+CM+MD+DE+EN+NF,$$
Ou bien $AGHF < ABCDEF.$

SCHOLIE. — On démontrerait de la même manière que toute ligne convexe est moindre qu'une ligne quelconque qui l'enveloppe de toutes parts.

10. TH. — *Si d'un point situé hors d'une droite on mène à cette droite une perpendiculaire et différentes obliques :*

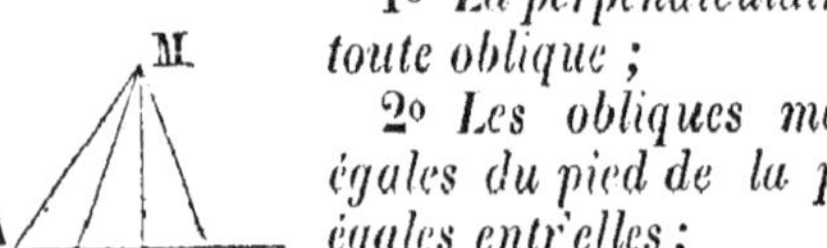

1o La perpendiculaire sera plus courte que toute oblique ;
2o Les obliques menées à des distances égales du pied de la perpendiculaire seront égales entr'elles ;
3o De deux obliques, celle qui s'écarte le plus du pied de la perpendiculaire est la plus longue.
La réciproque de 2o et 3o est également vraie.

Soient la droite AB , la perpendiculaire MI, et les obliques MC, MD, ME , etc. Prolongeons MI d'une longueur égale IN, et menons DN, EN, etc.

1o Si autour de AB on replie la partie supérieure de la figure sur la partie inférieure, IM prendra la direction de IN , parce que les deux angles MID, NID sont égaux comme droits, et le point M tombera sur le point N, à cause des longueurs égales MI, IN ; par suite, DM tombera sur DN, EM sur EN, etc., et ces lignes seront respectivement égales.

Cela posé, on a :

$MN < MD+DN$ et par suite la moitié de MN ou $MI < MD$, moitié de $(MD+DN)$.

2o En repliant autour de MN la partie de gauche de la figure sur la partie de droite, le point D tombe en C, à cause des longueurs égales DI, IC ; donc, $MD = MC$.

3o On a encore : $MD+DN < ME+EN$ (9); donc, on a pour les moitiés $MD < ME$.

Réciproquement, les obliques égales sont à des distances égales du pied de la perpendiculaire ; car si les distances n'étaient pas égales, l'oblique la plus éloignée serait plus longue que l'autre, ce qui est contre l'hypothèse.

Si la plus longue oblique n'était pas la plus éloignée, la distance serait plus petite et égale ; mais alors cette oblique devrait être plus courte que l'autre ou lui être égale, ce qui est encore contre l'hypothèse.

SCHOLIE. — La superposition montre encore que *les angles formés par la perpendiculaire et les obliques égales sont égaux.*

COROLLAIRE 1. — *La perpendiculaire mesure la vraie distance d'un point à une ligne,* puisqu'elle est la plus courte.

COROLLAIRE 2. — *D'un point donné, on ne peut mener à une ligne plus de deux obliques égales.*

11. TH. — *Si par le milieu d'une droite on lui élève une perpendiculaire :*

1° *Chaque point de la perpendiculaire est également distant des extrémités de la droite ;*

2° *Tout point pris en dehors de la perpendiculaire est inégalement distant des mêmes extrémités.*

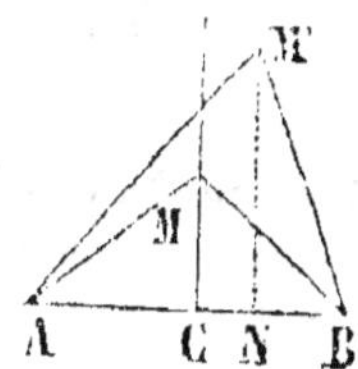

1° Soit M, un point quelconque, pris sur la ligne CM, perpendiculaire au milieu de AB.

AM et MB étant deux obliques qui s'écartent également du pied de la perpendiculaire, sont égales (10).

2° Soit M', le point pris en dehors. Abaissons par construction M'N, perpendiculaire sur AB, ou sur son prolongement, il vient AN>NB ; par conséquent, M'A>M'B (10).

COROLLAIRE. — Donc, le *lieu de tous les points également distants des extrémités d'une ligne, est la perpendiculaire élevée sur le milieu de cette ligne.*

ARTICLE 2. — *Lignes Parallèles.*

§ 1. — Conditions de parallélisme.

12ᵉ TH. — *Pour que deux lignes soient parallèles, il faut et il suffit qu'elles fassent, avec une sécante, des angles correspondants égaux.*

Soient les lignes AB, CD, qui font avec la sécante EF des angles correspondants égaux, EOD, OGR.

1º On peut regarder comme évident que ces lignes, pour être parallèles, doivent faire des angles correspondants égaux ; car s'il n'en était pas ainsi, celle qui ferait le plus petit angle se dirigeant vers l'autre finirait par la rencontrer.

2º Pour que ces lignes soient parallèles, il suffit que les angles correspondants soient égaux. En effet, puisque EOD=OGR, il en résulte que les angles qui leur sont opposés par le sommet sont aussi égaux entr'eux, ou qu'on a COG= AGF ; par suite, les lignes données forment deux figures égales de part et d'autre de la sécante. Or, si elles n'étaient pas parallèles, ou si elles se rencontraient d'un côté de la sécante, elles devraient se rencontrer pareillement de l'autre côté. Mais alors on pourrait mener deux droites différentes d'un point à un autre, ce qui est impossible (ax. 9). Donc, ces lignes ne peuvent se rencontrer, ou bien elles sont parallèles.

SCHOLIE. — On donne d'autres conditions nécessaires et suffisantes pour le parallélisme de deux lignes ; mais ces conditions rentrent dans celles de notre énoncé. Les principales sont :

1º *Pour que deux droites soient parallèles, il faut et il suffit qu'elles fassent, avec une sécante, deux angles internes d'un même côté supplémentaires.*

En effet, puisqu'on doit avoir EOD=OGR, il faut que GOD, supplément de EOD, soit aussi le supplément de OGR.

De plus, si GOD est le supplément de OGR, comme il est aussi le supplément de EOD, il en résulte que EOD=OGR , condition suffisante de notre théorème.

2° *Pour que deux droites soient parallèles, il faut et il suffit qu'elles forment, avec une sécante, des angles alternes-internes égaux.*

En effet , puisqu'on doit avoir EOD=OGR ; comme COG=EOD, comme opposé par le sommet, il faut conséquemment qu'on ait COG=OGR, ou que les angles alternes-internes soient égaux.

De plus , cette condition suffit ; car si COG=OGR, comme COG=EOD, il en résulte qu'on a EOD=OGR, condition suffisante du théorème.

On identifierait avec la même facilité d'autres conditions.

COROLLAIRE. — Ce théorème renferme le cas particulier où deux droites sont perpendiculaires à une troisième. On démontre d'ailleurs directement que cette condition est suffisante pour le parallélisme des deux perpendiculaires , en disant que si elles se rencontraient en un point, on pourrait de ce point abaisser sur une même ligne deux perpendiculaires, ce qui est impossible (2).

§ 2.— **Propriétés des Parallèles.**

13. TH. — *Par un point donné hors d'une droite, on peut mener à cette droite une parallèle et une seule.*

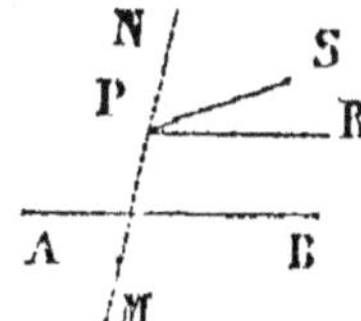

Soient le point P et la droite AB.

1° Menons par le point P une ligne quelconque , MN, qui coupe AB ; faisons au point P l'angle NPR égal à l'angle PMB ; PR sera parallèle à AB (12).

2° Si PR et PS étaient parallèles à AB, les angles NPR, NPS, égaux à l'angle PMB, seraient égaux entr'eux, ce qui ne se peut, à moins que PR et PS ne fassent qu'une même ligne droite.

14. Th. — *Quand plusieurs droites sont parallèles à une même droite, elles sont parallèles entr'elles.*

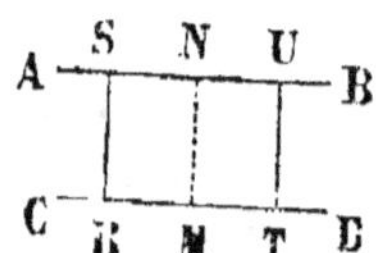

Soient AB, CD, etc., des parallèles à RS. Menons une sécante MN.

Puisque les lignes données sont parallèles à RS, les angles NKB, KLD, etc., sont égaux à NQS (12). Donc, ils sont égaux entr'eux, et les lignes sont parallèles entr'elles.

Corollaire. — Toute perpendiculaire à une droite est aussi perpendiculaire à ses parallèles, puisqu'elle forme avec celles-ci des angles droits comme avec la première.

15. Th. — *Deux parallèles sont partout également distantes.*

Prenons à volonté deux points, S, U, sur la première. Si les perpendiculaires SR, UT, menées de ces points sur la parallèle CD sont égales, le théorème sera démontré.

Par le point N, milieu de SU, abaissons la perpendiculaire NM sur CD; elle sera aussi perpendiculaire à AB (14, coroll.); puis, replions autour de MN la partie de gauche de la figure sur la partie de droite. A cause des angles égaux, SNM, MNU, la ligne NS prendra la direction de NU, et le point S tombera sur le point U, parce que par construction NS=NU.

De même, à cause de l'égalité des angles NMR, NMT, MR prendra la direction de MT, et le point R tombera sur le point T; car, autrement, du point U, on pourrait abaisser sur MT deux perpendiculaires, ce qui est impossible. Donc, SR=UT.

16. Th. — *Deux angles qui ont leurs côtés parallèles sont égaux ou supplémentaires.*

Soient l'angle LMN et les quatre angles formés autour du point E par les parallèles AB, CD; prolongeons le côté LM jusqu'à la rencontre du côté EB en P.

1° Les angles LMN, DEB, égaux l'un et l'autre à MPB comme correspondants, sont donc égaux entr'eux;

2° L'angle AED, supplément de DEB, est donc le supplément de LMN;

3° L'angle AEC, opposé par le sommet à DEB, est donc égal à LMN;

4° Enfin, l'angle CEB, supplément de DEB, est donc le supplément de LMN.

SCHOLIE. — On peut observer que les angles égaux ont leurs côtés parallèles dirigés tous les deux dans le même sens, ou tous les deux en sens contraire; tandis que les angles supplémentaires ont leurs côtés parallèles dirigés l'un dans le même sens et l'autre en sens contraire.

COROLLAIRE. — Pour que deux angles, dont les côtés sont respectivement perpendiculaires, soient égaux ou supplémentaires, il n'est plus nécessaire que le sommet coïncide; car, s'ils sont séparés, on pourra transporter parallèlement à lui-même un des angles pour faire coïncider le sommet, et alors le théorème 7 aura plus de généralité et pourra s'énoncer ainsi : *Quand deux angles ont leurs côtés respectivement perpendiculaires, ils sont égaux ou supplémentaires.*

CHAPITRE DEUXIÈME.

—

POLYGONES.

DÉFINITIONS. — Un *polygone* est une surface plane terminée par une ligne brisée; les droites qui forment le contour s'appellent les *côtés* du polygone, et le contour porte le nom de *périmètre*. Les angles et les côtés sont dits *éléments* du polygone.

Il est évident qu'un polygone a autant d'angles que de côtés.

Un polygone se désigne par les lettres des sommets. Exemple : ABCDE.

Toute ligne menée entre deux angles non consécutifs d'un polygone est une *diagonale*. Exemple : AC.

Un angle formé par un côté et le prolongement de l'autre s'appelle *angle extérieur*.

Les polygones sont *équiangles* quand tous les angles sont égaux ; ils sont *équilatéraux* quand tous les côtés sont égaux, et *réguliers* quand ils sont équilatéraux et équiangles.

Deux polygones sont *équiangles* ou *équilatéraux entr'eux*, quand ils ont leurs angles ou leurs côtés égaux chacun à chacun, c'est-à-dire en les prenant dans le même ordre.

Dans l'un ou l'autre cas, les côtés égaux ou les angles égaux s'appellent côtés ou angles *homologues*.

Les polygones de trois à dix côtés s'appellent *triangles, quadrilatères, pentagones, hexagones, heptagones, octogones, ennéagones, décagones*.

Ceux de douze et de quinze côtés se nomment *dodécagones* et *pentédécagones*.

Un triangle est *rectangle* quand il a un angle droit. Le côté opposé à l'angle droit porte le nom d'*hypoténuse* ; les côtes adjacents s'appellent *cathètes*.

Un triangle *isocèle* est celui qui a deux côtés égaux.

Un triangle *scalène* est celui qui a les côtés inégaux.

Un triangle est *obtusangle* quand il a un angle obtus.

Un *parallélogramme* ou *rhombe* est un quadrilatère dont les côtés opposés sont parallèles.

Un *carré* est un parallélogramme dont les angles sont droits et les côtés égaux.

Un *rectangle* est un parallélogramme dont les angles sont droits, mais dont les quatre côtés ne sont pas égaux.

Un *losange* est un parallélogramme dont les quatre cotés sont égaux, sans que les angles soient droits.

Un *trapèze* est un quadrilatère dont deux côtés seulement sont parallèles.

Il est évident que deux polygones sont égaux quand tous leurs sommets peuvent coïncider ; car, puisque d'un sommet à l'autre on ne peut mener qu'une ligne droite (ax. 9), les cotés et les angles coïncideront et par suite seront égaux.

ARTICLE 1er — *Triangles.*

§ 1. — Relations des Triangles entr'eux.

CAS GÉNÉRAUX D'ÉGALITÉ.

17. TH. — *Deux triangles sont égaux quand ils ont un angle
égal compris entre deux côtés égaux chacun à chacun.*

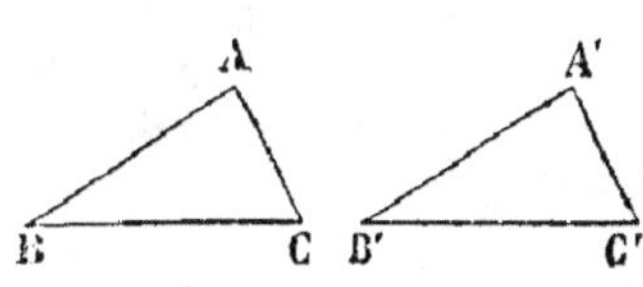

Soient l'angle A=A', le côté
AB=A'B' et le côté AC=A'C'.

Portons le triangle A'B'C' sur
ABC, de manière à faire coïncider les sommets A A', et B B';
l'angle A égalant l'angle A', le
côté A'C' prendra la direction de AC, et le point C' tombera
sur le point C, parce que AC=A'C' par hypothèse. Ainsi, les
trois sommets coïncideront et les deux triangles seront égaux.

18. TH. — *Deux triangles sont égaux lorsqu'ils ont un côté
égal adjacent à deux angles égaux chacun à chacun.*

(Même figure.) Soient le côté BC=B'C', l'angle B=B', l'angle C=C'.

Portons B'C' sur BC, de manière que B' tombe en B et C' en
C; l'angle B' égalant B, le côté B'A' prendra la direction de
BA; l'angle C' égalant C, le côté C'A' prendra la direction de
CA. Donc, le point A', intersection des deux côtés C'A', B'A',
tombera sur le point A, intersection des deux côtés CA, BA
(8, coroll.), et les triangles seront égaux.

19. TH. — *Deux triangles sont égaux lorsqu'ils ont les trois
côtés égaux respectivement.*

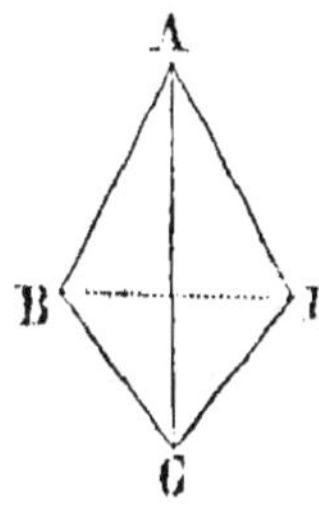

Juxta-posons les triangles donnés, de manière qu'un côté égal, par exemple AC, soit
commun, et soient AB=AD et BC=CD.

Tirons BD. Puisque AB=AD, la perpendiculaire élevée sur le milieu de BD (11) devra passer par le point A; de même, puisque BC=CD, la même perpendiculaire passera par le point C. Donc, le côté AC sera

cette perpendiculaire ; car, d'un point à un autre, on ne peut mener qu'une ligne droite ; donc, l'angle BAC=CAD (10, scholie), et les deux triangles seront égaux, comme ayant un angle égal compris entre deux côtés égaux.

SCHOLIE 1. — Il est *très important* de remarquer que, dans les triangles égaux, les angles égaux sont opposés aux côtés égaux, et réciproquement.

SCHOLIE 2. — Des trois dernières propositions, il résulte que, pour l'égalité des deux triangles, il suffit de trois éléments égaux ; mais parmi ces trois éléments, il doit y avoir au moins un côté ; car on verra plus tard que des triangles équiangles entr'eux ne sont pas en général égaux.

CAS PARTICULIERS.

20. TH. — *Deux triangles rectangles sont égaux quand ils ont l'hypoténuse égale et un côté égal.*

Juxta-posons les deux triangles donnés, de manière que le côté égal AC soit commun ; il suffit de prouver que le troisième côté est égal dans les triangles.

Les angles adjacents B'AC, BAC étant l'un et l'autre droits, les côtés B'A, AB seront en ligne droite (5) ; de plus, par rapport à la perpendiculaire CA, les hypoténuses CB, CB' sont deux obliques égales. Donc, BA=B'A (10), et les triangles sont égaux.

21. TH. — *Deux triangles rectangles sont égaux quand ils ont l'hypoténuse égale et un angle égal.*

Soient BC=B'C' et l'angle C=C'.

Portons B'C' sur BC, de manière que B' tombe en B et C' en C. L'angle C' égalant l'angle C, le côté C'A' prendra la direction de CA ; de plus, B'A' prendra la direction de BA ; car, autrement d'un même point B on pourrait abaisser deux perpendiculaires sur CA, ce qui est impossible (2). Mais alors l'intersection A' tombera sur l'intersection A, et les trois sommets coïncideront.

§ 2. — Relations entre les éléments d'un même Triangle.

RELATION ENTRE LES ANGLES.

22. Th. — *Dans tout triangle, la somme des trois angles est égale à deux angles droits.*

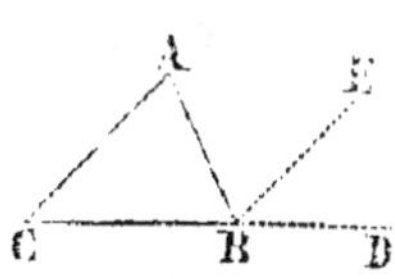

Soit le triangle ABC. Prolongeons CB et menons par le point B la ligne BE, parallèle à CA.

La somme de angles CBA, ABE, EBD est égale à deux angles droits (4, coroll. 2).

Or, ces trois angles sont égaux respectivement aux trois angles du triangle. En effet, C=EBD comme correspondant, A=ABE comme alternes-internes formés par des parallèles ; CBA est commun. Donc, les trois angles du triangle ont une somme égale à deux angles droits.

COROLLAIRE 1. — Dans un triangle, il ne peut y avoir deux angles droits ; à plus forte raison un angle droit et un angle obtus, ou bien des angles obtus.

COROLLAIRE 2. — Dans tout triangle rectangle, la somme des deux angles aigus est égale à un angle droit.

COROLLAIRE 3. — Quand deux triangles ont deux angles égaux entr'eux, le troisième angle est nécessairement égal dans les deux triangles, puisqu'il est égal à deux angles droits moins une même quantité.

COROLLAIRE 4. — L'angle extérieur ABD est égal à la somme des angles A et C, puisqu'il est, ainsi que la somme de ces angles, le supplément de l'angle ABC.

RELATIONS ENTRE LES CÔTÉS.

23. Th. — *Dans tout triangle, un côté quelconque est plus petit que la somme des deux autres et plus grand que leur différence.*

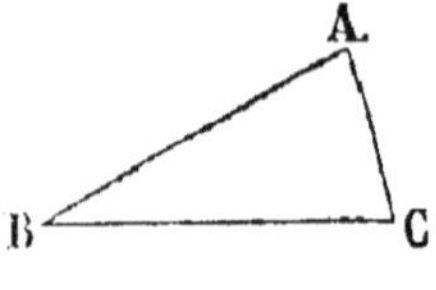

Soit le côté BC.

1° La ligne droite BC est plus courte que la ligne brisée BA+AC.

2° D'après ce qui vient d'être dit, on a :

$$BA < BC+AC.$$

En transposant AC dans l'autre membre, il vient :

$$BA-AC < BC,$$

ou, ce qui revient au même,

$$BC > BA-AC.$$

Scholie. — Ainsi, pour pouvoir construire un triangle avec trois lignes, il faut que ces lignes satisfassent aux conditions de l'énoncé.

RELATIONS ENTRE LES ANGLES ET LES CÔTÉS OPPOSÉS.

24. Th. — *Dans un même triangle, à des angles égaux sont opposés des côtés égaux, et réciproquement.*

(Ce théorème s'énonce assez souvent ainsi : *Dans un triangle isocèle, aux côtés égaux sont opposés des angles égaux, et réciproquement*).

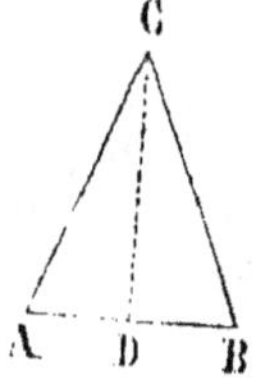

1° Soit l'angle A=B. Abaissons du sommet C la ligne CD perpendiculaire sur AB.

Les triangles ADC, CDB sont rectangles en D ; ils ont de plus l'angle A=B par hypothèse ; donc, le troisième angle ACD=DCB (22, coroll. 3). Mais alors ces triangles ont un côté commun CD adjacent à deux angles égaux ; ils sont donc égaux entr'eux, et conséquemment AC=CB.

2° Réciproquement, soit AC=BC. Abaissons, comme ci-dessus, CD perpendiculaire sur AB.

Les triangles rectangles ACD , CDB ont l'hypoténuse égale par hypothèse et le côté CD commun; ils sont donc égaux (20), et l'angle A=B.

COROLLAIRE. — Un triangle équilatéral est en même temps équiangle , et réciproquement.

SCHOLIE. — Dans un triangle isocèle , on donne le nom de *base* au côté inégal ; l'angle opposé est le *sommet*. Dans un triangle ordinaire, on prend pour base un côté quelconque.

25. TH. — *Dans un même triangle , à des angles inégaux sont opposés des côtés inégaux dans le même sens, et réciproquement.*

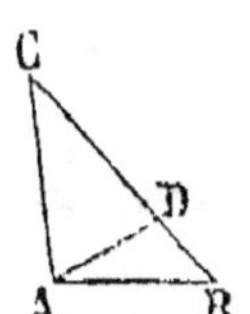

1° Soit l'angle CAB>B. Au point A faisons un angle DAB=B; il en résulte que AD=DB (24). Cela posé, on a CD+AD>CA. En remplaçant AD par DB, il vient CD+DB>CA, ou bien CB>CA.

2° Réciproquement, soit CB>CA. Si l'angle BAC n'était pas plus grand que l'angle B , il serait égal à B ou plus petit que B. Or, ces deux hypothèses sont également inadmissibles ; car si l'angle CAB égalait B , on devrait avoir CB=CA (24); et si CAB était plus petit que B , il faudrait que l'on eût CB<CA , d'après la première partie de ce théorème. Donc , on a CAB>B.

26. TH. — *Si l'on fait varier en grandeur un angle d'un triangle sans faire varier les côtés qui le comprennent , le côté opposé varie dans le même sens , et réciproquement.*

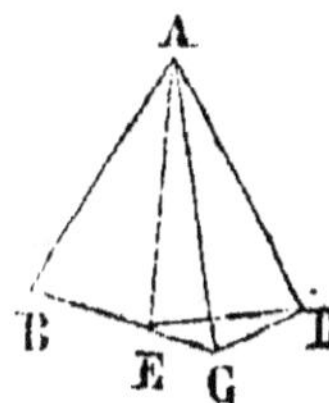

1° Soit l'angle BAC>CAD. Partageons l'angle BAD en deux parties égales par la ligne AE, et tirons ED ; il est clair que AE tombera dans le plus grand angle.

Cela posé, les triangles BAE , EAD sont égaux ; car l'angle BAE=EAD par construction, BA=AD par hypothèse, et AE est commun ; donc, BE=DE. Mais on a DE+EC>CD; donc, on a aussi BE+EC>CD, ou BC>CD.

2° Réciproquement, soit BC>CD. Si l'angle BAC n'était pas plus grand que l'angle CAD, il lui serait égal , ou il serait plus petit que cet angle. Or, si l'on avait BAC=CAD, on devrait avoir BC=CD (17). Si l'on avait BAC<CAD, il en résulterait d'après 1° BC<CD. Ces deux hypothèses sont donc également inadmissibles, et il faut qu'on ait BAC>CAD.

1er SCHOLIE. — La ligne AE qui partage en deux parties égales l'angle BAD, est appelée la *bissectrice* de cet angle.

2e SCHOLIE.—Il ne faudrait pas croire que les côtés d'un triangle varient dans le *même rapport* que les angles opposés, quoiqu'ils varient dans le *même sens*. Ainsi, quand l'angle augmente, le côté opposé augmente aussi; mais si l'angle devient double ou triple, le côté ne devient pas double ou triple.

ARTICLE 2. — *Quadrilatères.*

27. TH. — *Dans tout parallélogramme, les côtés opposés sont égaux, ainsi que les angles opposés.*

Soit le parallélogramme ABCD. Tirons la diagonale AD.

Les deux triangles ACD, ADB sont égaux, comme ayant un côté égal adjacent à deux angles égaux, savoir : AD commun; l'angle DAB=ADC, l'angle ADB=CAD, comme alternes-internes formés des parallèles. Donc, AC=BD, CD=AB, l'angle C=B, l'angle CAB=BDC. Ces deux derniers angles sont égaux, parce qu'ils sont l'un et l'autre la somme de deux angles partiels respectivement égaux entr'eux.

28. TH. — *Pour qu'un quadrilatère soit un parallélogramme, il suffit que les côtés opposés soient égaux, ou bien que deux côtés seulement soient égaux et parallèles.*

(Même figure.) 1° Soit AB=CD, AC=BD. Tirons la diagonale AD; les deux triangles ACD, ABD sont égaux, comme ayant les trois côtés respectivement égaux, savoir : AD commun, AB=CD, AC=BD par hypothèse; donc, l'angle DAB=ADC. Comme ces angles sont alternes-internes, il en résulte que AB est parallèle à CD. L'égalité des angles CAD, ADB montre pareillement que AC est parallèle à DB; donc le quadrilatère donné est un parallélogramme.

2º Soient les côtés AB, CD, égaux et parallèles. Il suffit de prouver que les deux autres côtés AC, DB sont parallèles. Les deux triangles ADB, ADC sont égaux, comme ayant un angle égal compris entre deux côtés égaux, savoir : l'angle DAB= ADC, comme alternes-internes formés par des parallèles ; de plus, AD est commun et AB=CD par hypothèse. Donc, l'angle CAD=ADB, et les côtés AC, DB sont parallèles (12).

28. Th. — *Les diagonales d'un parallélogramme se coupent mutuellement en deux parties égales.*

Soient les diagonales AD, CB.

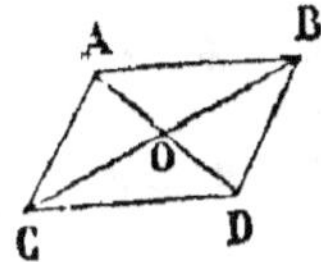

Les deux triangles AOC, BOD sont égaux, comme ayant un côté égal adjacent à deux angles égaux, savoir : DB=AC (27), l'angle ODB=CAO et OBD=ACO, comme alternes-internes formés par des parallèles. Donc, AO=OD et CO=OB.

Scholie. — Dans le carré et le losange, les diagonales se coupent mutuellement à angles droits.

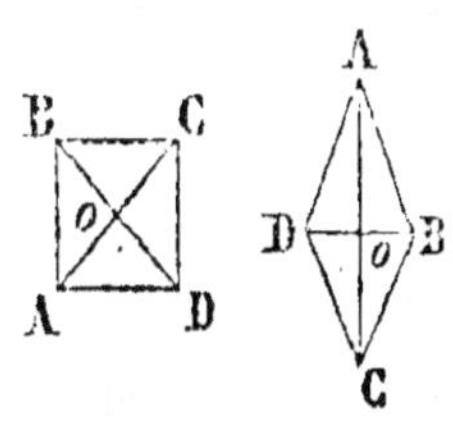

En effet, les triangles AOB, BOC sont égaux, comme ayant les trois côtés égaux, savoir : BO commun, AO=OC d'après le théorème ci-dessus, AB=BC par la nature du carré et du losange. Donc, les angles adjacents AOB, BOC sont égaux et conséquemment droits ; donc, la diagonale BD est perpendiculaire sur AC.

Article 3. — *Polygones en général.*

30. Th. — *La somme des angles intérieurs d'un polygone convexe de n côtés est égale à n fois deux angles droits, moins quatre angles droits.*

Soit le polygone ABCDEF.

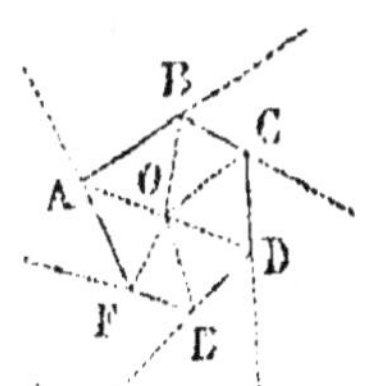

Par un point pris dans l'intérieur du polygone, menons à tous les sommets les lignes OA, OC, OD, etc. ; ces lignes partagent le polygone en autant de triangles qu'il a de côtés, c'est-à-dire en n triangles.

La somme des angles de chaque triangle étant égale à deux angles droits, celle des angles de tous ces triangles est égale à n fois deux angles droits (22). Or, la somme des angles du polygone égale la somme des angles des triangles, diminuée de celle des angles formés autour du point O, qui valent ensemble quatre angles droits (6, coroll). Donc, la somme des angles du polygone est égale à n fois deux angles droits moins quatre, ou à $2n-4$, ou encore à $(2n-2)$ angles droits.

⋆ Scholie. — La somme des angles extérieurs est égale à quatre angles droits ; car chaque angle du polygone et son extérieur valant ensemble deux angles droits, la somme des angles du polygone et des angles extérieurs est égale à $2n$ angles droits. Si de cette somme on retranche celle des angles du polygone ou $2n-4$, il restera quatre angles droits pour la valeur de la somme des angles extérieurs.

CHAPITRE TROISIÈME

CERCLES.

Définitions. — La *circonférence du cercle* est une ligne courbe tracée sur un plan, dans laquelle tous les points sont également distants d'un point intérieur nommé *centre*. Exemple : la ligne courbe ADBE, dont le centre est en C.

Le *cercle* est l'espace compris dans cette ligne courbe.

N. B. Dans le langage ordinaire, on confond souvent le cercle avec la circonférence.

Un *arc* est une portion de la circonférence. Exemple : AD.

Une ligne droite, passant par le centre et terminée de part et d'autre à la circonférence, s'appelle *diamètre*. Exemple : AB.

Toute ligne menée du centre à la circonférence porte le nom de *rayon*. Exemple : CD.

Tous les rayons sont égaux, ainsi que tous les diamètres, car un diamètre vaut deux rayons.

Une *corde* est une ligne droite tracée dans le cercle, dont les extrémités sont à la circonférence. Exemple : la droite EB.

Une *sécante* est une ligne droite qui rencontre la circonférence en deux points. Exemple : RS.

Une *tangente* est une ligne droite qui n'a qu'un point commun avec la circonférence. Exemple : MN. Le point commun T s'appelle *point de contact*.

N. B. On regarde ordinairement les tangentes à des courbes quelconques comme des sécantes, dans lesquelles les points d'intersection sont infiniment rapprochés. Entre ces deux points, la courbe et la tangente sont supposées se confondre.

Un *segment* est la portion du cercle compris entre un arc et la corde correspondante.

Un *secteur* est la portion du cercle compris entre un arc et les deux rayons menés à ses extrémités.

Un *angle au centre* est un angle formé par deux rayons. Exemple : ACD.

Un *angle inscrit* est un angle dont le sommet est sur la circonférence et dont les côtés sont des cordes. Exemple : ABE.

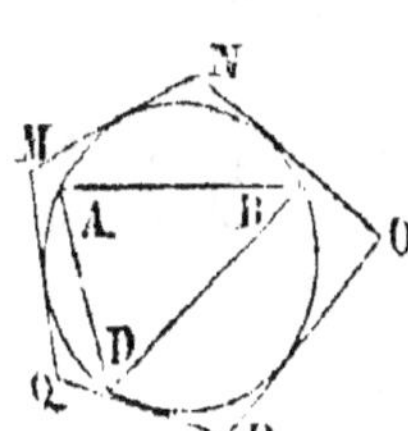

Un polygone *inscrit* dans un cercle est un polygone dont tous les sommets sont sur la circonférence. Exemple : ABD.

La circonférence est dite alors *circonscrite* au polygone.

Un polygone *circonscrit* à un cercle est un polygone dont tous les côtés sont des tangentes à ce cercle. Exemple : MNOPQ.

La circonférence est alors *inscrite* dans le polygone.

ARTICLE PREMIER. — *Intersection et Contact d'une droite et d'une circonférence et des circonférences entr'elles.*

§ 1. — Droite et Circonférence.

INTERSECTION.

31. TH. — *Une droite ne peut rencontrer une circonférence en plus de deux points;*

Car si elle la rencontrait en un troisième, par exemple, les trois points seraient également distants du centre ; il y aurait donc trois droites égales menées d'un même point à une même ligne droite, ce qui est impossible (10, coroll. 2).

CONTACT.

32. TH. — *Pour qu'une ligne droite soit tangente à une circonférence, il faut et il suffit qu'elle soit perpendiculaire à l'extrémité d'un rayon.*

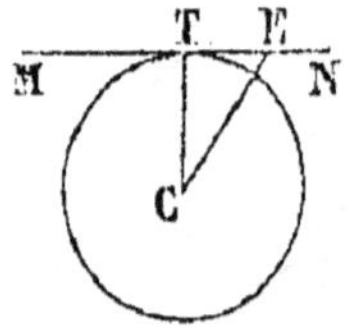

1° Cette condition est nécessaire. En effet, pour que la ligne MN soit tangente, il faut que tous ses points, autres que le point T, soient hors du cercle, ou bien que toute droite EC soit plus longue que CT, ce qui ne se peut, à moins que CT ne soit perpendiculaire sur MN (10 , 1°).

2° Cette condition suffit. Si MT est perpendiculaire à CT, ou, ce qui revient au même, si CT est perpendiculaire sur MN, toute droite CE sera oblique, et par conséquent plus longue que CT (10). Le point E est donc hors du cercle.

COROLLAIRE. — Par un point pris sur une circonférence, on ne peut mener qu'une tangente, parce qu'on ne peut, par ce point, élever qu'une perpendiculaire à l'extrémité du rayon.

§ 2. — Circonférences.

INTERSECTION.

33. Th. — *Pour que deux circonférences se coupent, il faut et il suffit que la distance des centres soit moindre que la somme des rayons et plus grande que leur différence.*

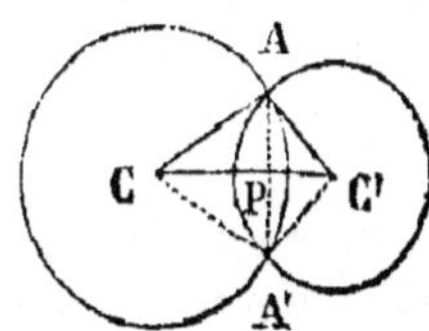

1º Cette condition est nécessaire ; car pour que les circonférences se coupent, il faut que l'un des points d'intersection A et les centres CC' déterminent un triangle CAC'. Or, on sait que dans tout triangle un côté quelconque est nécessairement moindre que la somme des deux autres et plus grand que leur différence (23). Donc, CC', ou la distance des centres, doit être moindre que CA+C'A, ou que la somme des rayons, et plus grande que CA—C'A, ou que la différence des mêmes rayons.

2º Cette condition suffit. D'abord, le triangle CAC' étant possible, le point A sera commun aux deux circonférences.

Soit abaissée du point A, une perpendiculaire prolongée au-dessous d'une quantité PA'=PA. Je dis que le point A' sera le second point d'intersection. En effet, si l'on tire CA', C'A', les obliques CA, CA' seront égales, comme s'écartant également du pied de la perpendiculaire ; donc, la circonférence dont le centre est C passera par le point A'. On prouverait de même que la circonférence dont le centre est C' passe par le même point ; donc, enfin, les deux circonférences se coupent.

SCHOLIE. — La deuxième partie du théorème montre que quand deux circonférences ont un point commun d'un côté de la ligne des centres, elles en ont toujours un autre du côté opposé. Ainsi, *quand deux circonférences sont tangentes, le point de contact ne peut être que sur la ligne des centres.*

COROLLAIRE. — Quand deux circonférences se coupent, la ligne des centres est perpendiculaire sur le milieu de la corde commune ; car les centres C et C' étant à égale distance des points A et A' qui appartiennent aux deux circonférences, la perpendiculaire élevée sur le milieu de la corde AA' devra passer par C et C' ; elle sera donc la ligne des centres.

CONTACT.

34. Th. — *Pour que deux circonférences soient tangentes extérieurement, il faut et il suffit que la distance des centres soit égale à la somme des rayons.*

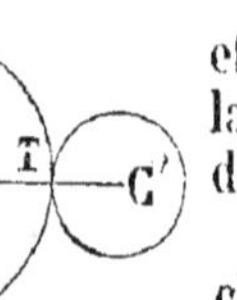

1° Cette condition est nécessaire. En effet, le point de contact T devant être sur la ligne des centres (33, scholie), il faut donc qu'on ait : $CC'=CT=C'T$.

2° Cette condition est suffisante. Il est clair que le point T, extrémité des deux rayons, sera un point commun aux deux circonférences, et il ne saurait y en avoir d'autre, car autrement la distance des centres devrait être moindre que la somme des rayons (33).

35. Th. — *Pour que deux circonférences soient tangentes intérieurement, il faut et il suffit que la distance des centres soit égale à la différence des rayons.*

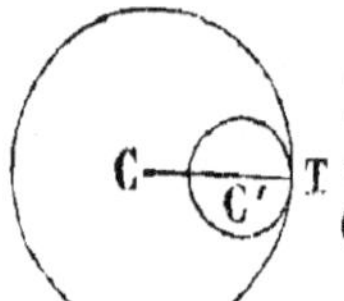

1° Cette condition est nécessaire. En effet, le point de contact T devant être sur la ligne des centres, il faut qu'on ait évidemment $CC'=CT-C'T$.

2° Cette condition est suffisante. En effet, il est clair que le point T, extrémité des deux rayons, sera un point commun aux deux circonférences; il ne saurait y en avoir d'autres, car la distance des centres devrait être plus grande que la différence des rayons (33).

36. Th. — *Par trois points* non *en ligne droite, on peut toujours faire passer une circonférence et une seule.*

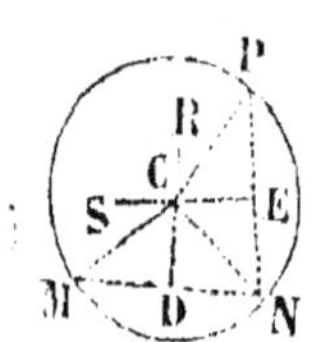

Soient les trois points MNP. Tirons MN, NP, et élevons sur le milieu de chacune de ces lignes des perpendiculaires, DR, ES. Ces perpendiculaires se rencontreront en un certain point C; car si elles étaient parallèles, NE perpendiculaire à ES serait perpendiculaire à DR (14), et l'on pourrait abaisser d'un même point N deux perpendiculaires sur une même droite, ce qui est impossible (2).

1° Le point C est le centre du cercle. En effet, tirons CM, CN, CP. Par rapport à la perpendiculaire DR, les lignes CM, CN seront deux obliques égales. Il en est de même de CN, CP, par rapport à la perpendiculaire SE. Donc, les points M, N, P sont à égale distance du point C, et la circonférence, dont le centre est au point C et dont le rayon est CM, passera par les trois points donnés.

2° Il ne peut passer qu'une seule circonférence par ces trois points; car toute autre circonférence ne peut avoir son centre que sur le point d'intersection des deux perpendiculaires, et l'on sait que deux droites ne se coupent jamais en plus d'un point (8, coroll.).

COROLLAIRE. — Deux circonférences ne peuvent avoir plus de deux points communs sans se confondre.

ARTICLE 2. — *Diamètres.*

37. TH. — *Tout diamètre divise le cercle et la circonférence en deux parties égales.*

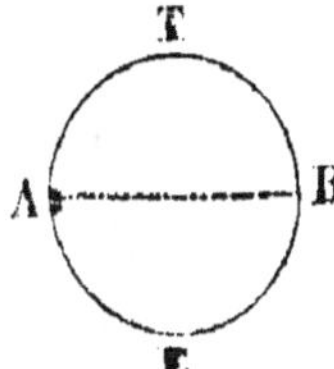

En effet, en repliant autour du diamètre AB la partie inférieure du cercle sur la partie supérieure, la partie AEB tombera exactement sur ATB; car autrement la circonférence aurait des points inégalement éloignés du centre.

38. TH. — *Le diamètre est plus grand que toute corde.*

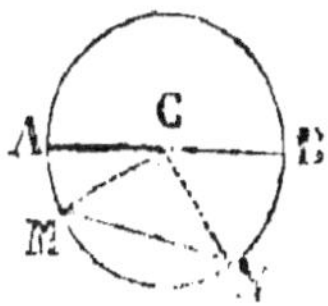

Soit le diamètre AB et la corde MN. Tirons les rayons CM, CN. La somme de ces rayons est égale au diamètre AB. Or, cette somme est plus grande que MN (23); donc, le diamètre est aussi plus grand que MN.

39. Th. — *Le diamètre ou le rayon perpendiculaire à une corde la divise, ainsi que l'arc sous-tendu, en deux parties égales.*

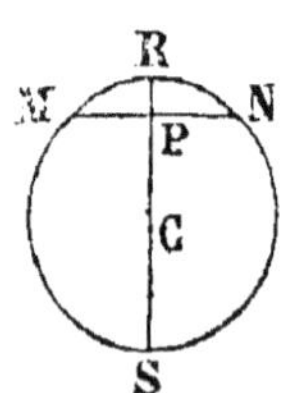

Autour du diamètre RS, replions la partie de droite de la figure sur la partie de gauche; la demi-circonférence RNS coïncidera avec RMS (37); de plus, à cause de l'égalité des angles droits CPN, CPM, la ligne PN prendra la direction de PM. Donc, le point d'intersection N tombera sur le point M, et l'on aura PN=PM, et l'arc RN=RM.

Article 3. — *Cordes.*

40. Th. — *Dans un même cercle ou dans des cercles égaux, les arcs égaux sont sous-tendus par des cordes égales, et les arcs inégaux par des cordes inégales dans le même sens, et réciproquement.*

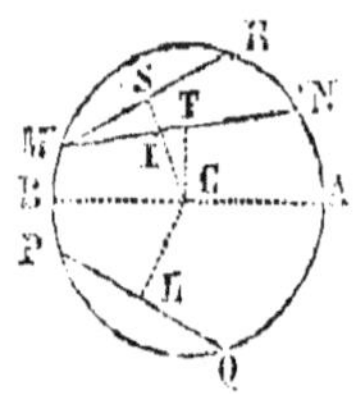

1° Soient les arcs égaux MR, PQ.

Par le milieu B de l'arc MP, tirons le diamètre BA, et replions la demi-circonférence BPQA sur BMRA; le point P tombera sur le point M, à cause de l'égalité des arcs BP, BM, et le point Q tombera sur le point R, parce que l'arc PQ égale l'arc MR. Ainsi, les extrémités des deux cordes coïncideront, et ces deux cordes seront égales.

Si les arcs n'appartenaient pas à un même cercle, mais à des cercles égaux, on établirait la coïncidence en portant une circonférence sur l'autre.

2° Soit l'arc PQ < MN. Sur l'arc MN, prenons, à partir du point M, un arc MR=PQ; tirons la corde MR qui doit égaler PQ (1°), et menons CT perpendiculaire sur MN, CS perpendiculaire sur MR; il est clair que CT tombera à droite de CS, parce que la moitié de l'arc MN est plus grande que la moitié de l'arc MR.

Par rapport à la perpendiculaire CS, MS moitié de la corde MR (39) est plus courte que MI, et à plus forte raison que MT moitié de la corde MN; donc, la corde entière MR, ou bien PQ, est plus courte que MN.

Réciproquement : 1° Si deux cordes égales ne sous-tendaient

pas des arcs égaux, un de ces arcs devrait être plus grand que l'autre ou plus petit, et les cordes seraient inégales, ce qui est contre l'hypothèse.

2o Si deux cordes inégales ne sous-tendaient pas des arcs inégaux dans le même sens, il faudrait que l'arc sous-tendu par la plus petite corde fût plus grand que l'autre ou lui fût égal ; mais alors la corde correspondante devrait être plus grande que l'autre ou lui être égale, ce qui n'a pas lieu.

Scholie. — Pour que ce théorème soit vrai, il faut que les arcs soient moindres qu'une demi-circonférence. Si les arcs étaient plus grands, c'est le contraire qui aurait lieu.

41. Th. — *Deux cordes égales sont également éloignées du centre, et de deux cordes inégales la plus longue en est la plus rapprochée.*

(Même figure.) 1o Soient les cordes égales MR, PQ. Abaissons du centre, sur ces cordes, les perpendiculaires CS, CL, et par le milieu B de l'arc MP menons le diamètre BA.

On a vu (49) qu'en repliant le demi-cercle BPQA sur BMRA, la corde PQ coïncide avec MR. Donc, la perpendiculaire CL doit coïncider avec CS ; autrement, on pourrait du point C abaisser deux perpendiculaires sur une même ligne droite.

2o Soit la corde MN plus longue que PQ. A partir du point M, prenons en arc, MR = PQ, et tirons la corde MR, qui doit égaler PQ (40) ; enfin, abaissons les perpendiculaires CS, CT sur ces cordes : la perpendiculaire CT est plus courte que CI (10), et à plus forte raison que CS. Donc, la corde MN est plus rapprochée du centre que la corde MR, ou que son égale PQ.

Article 4. — *Sécantes et Tangentes parallèles.*

42. Th — *Des parallèles interceptent sur la circonférence des arcs égaux.*

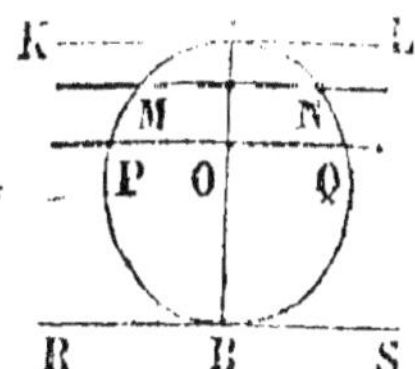

Soient les parallèles KL, MN, PQ, RS, dont deux sont tangentes et deux sécantes.

Menons le diamètre BA , perpendiculaire à KL : il tombera au point de tangence A; car autrement on pourrait abaisser du centre deux perpendiculaires sur KL. Ce diamètre sera pareillement perpendiculaire à la tangente RS (14, coroll.) et tombera au point B ; de plus, il sera perpendiculaire aux cordes MN, PQ (14, coroll.) et les coupera en deux parties égales (39).

Cela posé, en repliant le demi-cercle AMPB sur ANQB, le point M tombera en N et le point P en Q. Par conséquent, les arcs compris, soit entre les deux tangentes, soit entre les deux sécantes, soit entre une tangente et une sécante, sont égaux.

ARTICLE 5. — *Angles.*

§ 1. — **Angles au Centre.**

43. TH. — *Dans le même cercle ou dans des cercles égaux, les angles au centre égaux interceptent sur la circonférence des arcs égaux, et réciproquement.*

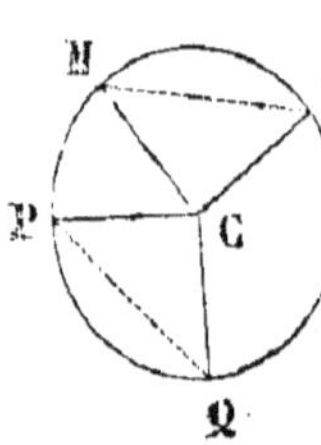

Soit l'angle MCN=PCQ. Tirons les cordes MN, PQ ; les deux triangles MCN, PCQ sont égaux, comme ayant un angle égal compris entre deux côtés égaux, savoir : l'angle MCN=PCQ, par hypothèse, et les côtés MC, NC, PC, QC égaux, comme rayons d'un même cercle ou de cercles égaux. Donc, la corde MN=PQ, et les arcs sous-tendus sont égaux (40).

Réciproquement, les arcs étant égaux, les cordes MN, PQ qui les sous-tendent seront égales, et les triangles MCN, PCQ seront égaux, comme ayant les trois côtés respectivement égaux. Donc, l'angle MCN égale l'angle PCQ.

44. TH. — *Dans un même cercle ou dans des cercles égaux, deux angles au centre sont entr'eux comme les arcs interceptés entre leurs côtés.*

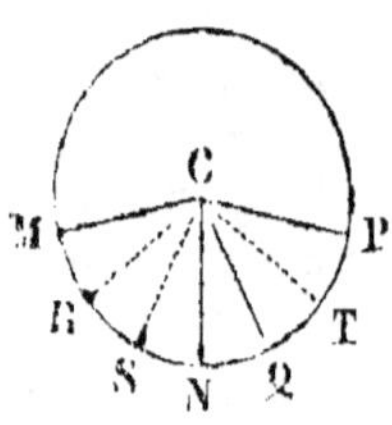

1° Supposons d'abord que les angles MCN, PCQ soient entr'eux comme deux nombres entiers, c'est-à-dire que MCN contienne un certain nombre de fois sans reste un angle qui soit compris aussi un nombre exact de fois dans PCQ ; par exemple, que MCN contienne trois fois un angle MCR qui est compris deux fois dans PCQ, ou qu'on ait la proportion suivante :

$$MCN : PCQ :: 3 : 2.$$

Je dis que l'arc MN contiendra trois fois sans reste l'arc MR , tandis que PQ le contiendra deux fois.

Puisque les angles RCS, SCN, QCT, TCP sont égaux à l'angle MCR, ces angles sont tous égaux entr'eux, et par suite les arcs MR , RS, SN, QT, TP sont aussi égaux (43). L'arc MN contient trois de ces arcs, tandis que PQ en contient deux. Donc, on a la proportion :

$$MN : PQ :: 3 : 2.$$

Or, on a par hypothèse :

$$MCN : PCQ :: 3 : 2.$$

Ces deux proportions ayant un rapport commun, il vient enfin :

$$MCN : PCQ :: MN : PQ.$$

Ce qu'il fallait démontrer.

2° Si les angles n'étaient pas entr'eux comme deux nombres entiers , le théorème n'existerait pas moins; car on peut toujours partager le grand angle MCN en un nombre exact d'angles égaux assez petits pour qu'un de ces petits angles porté un nombre indéfini de fois dans l'autre PCQ, laisse un reste moindre que toute quantité donnée, et susceptible par suite d'être négligé. Alors, les deux angles donnés contenant chacun un nombre exact de fois un même angle , la démonstration se fera comme ci-dessus.

MESURE DES ANGLES.

SCHOLIE. —La mesure d'un angle est le rapport de cet angle à l'angle droit pris pour unité. On pourrait donc connaître la grandeur d'un angle en le comparant à l'angle droit ; mais il est plus simple de déterminer le rapport des arcs, rapport égal, comme on vient de le voir, à celui des angles.

Pour établir ce rapport, on a supposé toute circonférence divisée en trois cent soixante parties égales appelées *degrés*, chaque degré en soixante *minutes*, chaque minute en soixante *secondes*. Le rapport du nombre de degrés de l'arc compris entre les côtés d'un angle au centre, à l'arc de quatre-vingt-dix degrés intercepté par l'angle droit , est donc la mesure de l'angle.

3

Plus généralement, on appelle mesure d'un angle le nombre de degrés, de minutes, de secondes, interceptés par les côtés d'un angle au centre égal. Ainsi, on dit, par exemple, un angle de vingt-cinq degrés trente-deux minutes quarante secondes; ce qu'on écrit : 25° 32' 40".

Dans le système des nouvelles mesures, la circonférence a été divisée en quatre cents parties appelées *grades*, le grade en cent *minutes*, la minute en cent *secondes*. L'angle droit vaut cent grades. Cette division n'est pas généralement suivie, parce que le nombre quatre cents a moins de diviseurs que trois cent soixante.

§ 2. — Autres Angles.

45. Th. — *L'angle inscrit a pour mesure la moitié de l'arc compris entre ses côtés.*

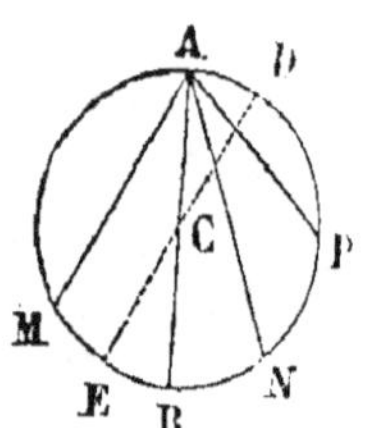

1° Prenons d'abord le cas particulier d'un angle MAB formé par un diamètre AB et une corde quelconque AM.

Tirons le diamètre DE parallèle à la corde AM. L'arc AD—ME (42) ; il égale aussi l'arc BE, à cause de l'égalité des angles opposés par le sommet ACD, BCE. Donc, l'arc BE=ME, ou bien BE est la moitié de MB.

Or, BE est la mesure de l'angle au centre BCE, qui égale comme correspondant l'angle donné MAB. Donc, celui-ci a pour mesure la moitié de MB.

2° Si le centre est dans l'intérieur de l'angle inscrit MAN, en tirant le diamètre AB, on a : l'angle MAN—MAB+BAN. Or, MAB a pour mesure $\frac{1}{2}$ MB, BAN a pour mesure $\frac{1}{2}$ BN ; donc, MAN a pour mesure $\frac{1}{2}$ MB+$\frac{1}{2}$BN, ou bien $\frac{1}{2}$ (MB+BN) ; ou, enfin $\frac{1}{2}$ MN.

3° Si le centre est en dehors de l'angle PAN, en tirant le diamètre AB, on a l'angle PAN—PAB—NAB. Or, PAB a pour mesure $\frac{1}{2}$ PB, NAB a pour mesure $\frac{1}{2}$ NB; donc, PAN a pour mesure $\frac{1}{2}$ PB—$\frac{1}{2}$ NB, ou bien $\frac{1}{2}$ (PB—NB), ou enfin $\frac{1}{2}$ PN.

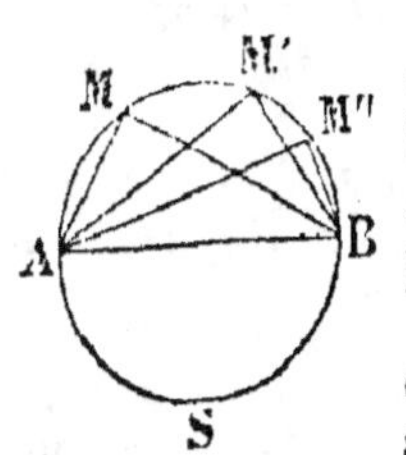

CoROLLAIRE 1. — Tous les angles inscrits dans le même segment sont égaux. Ainsi, les angles M, M', M" inscrits dans le segment AMM'M"B sont égaux, parce qu'ils ont tous pour mesure la moitié de l'arc ASB.

CoROLLAIRE 2.—Tout angle M, M', M" inscrit dans le demi-cercle est droit, parce qu'il a pour mesure la moitié de la demi-circonférence ou le quart de la circonférence (44, scholie).

CoROLLAIRE 3. — Tous les angles inscrits dans un segment plus grand que le demi-cercle sont aigus ; ils sont obtus dans le cas contraire.

46. Th. — *L'angle formé par une tangente et une corde a pour mesure la moitié de l'arc compris entre les côtés.*

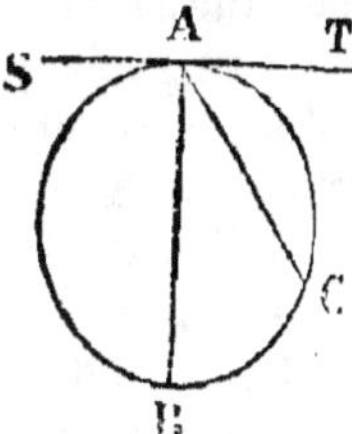

Au point de contact A , tirons le diamètre AB ; il est perpendiculaire à la tangente (32). L'angle aigu TAC=BAT — BAC ; l'angle droit BAT a pour mesure $\frac{1}{2}$ AB ; l'angle inscrit BAC a pour mesure $\frac{1}{2}$ BC. Donc, l'angle TAC a pour mesure $\frac{1}{2}$ AB—$\frac{1}{2}$ BC, ou bien $\frac{1}{2}$ (AB—CB), ou enfin, $\frac{1}{2}$ AC.

L'angle obtus SAC=SAB+BAC ; il a donc pour mesure $\frac{1}{2}$ AB+$\frac{1}{2}$ BC, ou $\frac{1}{2}$ (AB+BC), ou enfin $\frac{1}{2}$ ABC.

ScHOLIE. — En regardant, comme il a été dit plus haut (déf.), la tangente comme une sécante dont les points d'intersection sont infiniment rapprochés, le théorème ci-dessus n'est qu'un cas particulier du précédent.

* 47. Th. — *L'angle dont le sommet est entre la circonférence et le centre, a pour mesure la moitié de la somme des arcs compris entre ses côtés prolongés.*

Soit l'angle MAN. Prolongeons les côtés jusqu'à la circonférence , et par le point R tirons RS parallèle à BN.

L'angle R est égal, comme correspondant, à l'angle donné ; et comme il est inscrit, il a pour mesure $\frac{1}{2}$ MS ou $\frac{1}{2}$ (MN+NS). Or, l'arc NS=BR (42). Donc, l'angle R ou son égal MAN a pour mesure $\frac{1}{2}$ (MN+BR), ou la moitié de la somme des arcs compris entre les côtés prolongés.

* **48. Th.** — *L'angle formé par deux sécantes, dont le sommet est hors du cercle, a pour mesure la moitié de la différence des arcs compris entre ses côtés suffisamment prolongés.*

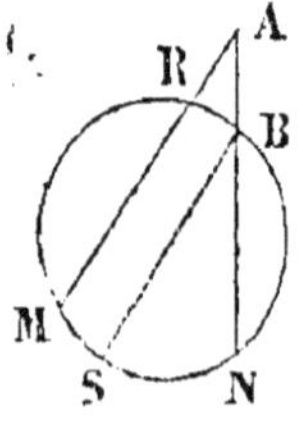

Soit l'angle A. Par le point B, tirons BS parallèle à AM. L'angle SBN est égal, comme correspondant, à l'angle donné A ; et comme il est inscrit, il a pour mesure $\frac{1}{2}$ SN ou $\frac{1}{2}$ (MN—MS). Or, l'arc MS=BR (42). Donc, l'angle SBN, ou son égal A, a pour mesure $\frac{1}{2}$ (MN—BR), ou la moitié de la différence des arcs compris entre ses côtés.

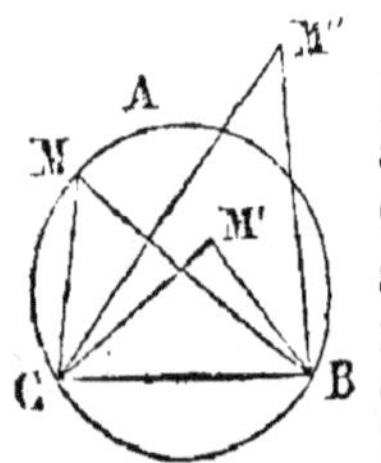

Scholie. — L'arc de cercle BAC est le lieu géométrique des sommets des angles égaux à CMB, dont les côtés passent par les points C et B ; car tout angle M', dont le sommet serait dans l'intérieur du cercle, aurait une mesure plus grande que la moitié de l'arc CB, et serait conséquemment plus grand que l'angle inscrit M ; de plus, tout angle M" dont le sommet serait hors du cercle aurait une mesure moindre que CB, et serait conséquemment plus petit que l'angle inscrit M.

Article 6. — *Polygones inscrits et circonscrits.*

49. Th. — *Si l'on partage une circonférence en trois ou en plus grand nombre de parties égales, et si l'on joint par des cordes les points de division, l'ensemble de ces cordes forme un polygone régulier inscrit, et réciproquement.*

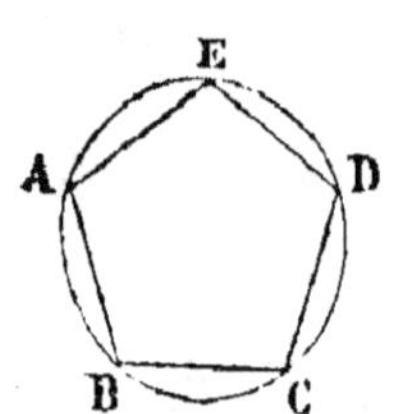

En effet, supposons la circonférence partagée en cinq parties égales aux points A, B, C, D, E.

Soit ABCDE, un pentagone formé par les cordes qui joignent ces points. Ce pentagone est équilatéral, puisque tous les côtés sont des cordes égales (40) ; de plus, il est équiangle, car tous ses angles ont une même mesure, la moitié de trois divisions de la circonférence (45).

Réciproquement, puisque le polygone inscrit est régulier, les côtés sont des cordes égales qui sous-tendent par suite autant d'arcs égaux que le polygone a de côtés.

50. TH. — *Si l'on partage une circonférence en trois ou en un plus grand nombre de parties égales, et si l'on mène des tangentes par les points de division, l'ensemble de ces tangentes forme un polygone régulier circonscrit, et réciproquement.*

En effet, supposons la circonférence partagée en six parties égales aux points A, B, C, D, E, F, et soit MNPQRS, l'hexagone formé par les tangentes en ces points ; tirons les rayons OA, OB, OC, etc. ; ces rayons décomposent le polygone en quadrilatères égaux entr'eux. En effet, prenons deux quelconques de ces quadrilatères, par exemple, les quadrilatères AOBM, DOCP, et superposons-les l'un à l'autre ; portons le rayon OA sur le rayon OC, de manière que le point A tombe sur le point C, et que le point O soit commun : l'angle OAM étant droit, ainsi que l'angle OCP (32), AM prendra la direction de CP ; l'angle AOB égalant DOC, OB prendra la direction de OD, et le point B tombera sur le point D ; enfin, l'angle OBM étant droit, ainsi que l'angle ODP, la perpendiculaire MB prendra la direction de DP. Donc, l'intersection M tombera sur l'intersection P, et les quadrilatères seront égaux.

De l'égalité des quadrilatères, il résulte que :

1° AM=BN=CP=DQ, etc., et que MB=NC=PD, etc., ou que les portions des côtés du polygone semblablement placées par rapport aux rayons OA, OB, etc., sont égales entr'elles. Donc, tous les côtés du polygone sont égaux, ou le polygone est équilatéral.

2° Tous les angles M, N, P, Q, etc., étant égaux, à cause de l'égalité des quadrilatères, le polygone est équiangle. Donc, enfin, le polygone circonscrit est régulier.

Réciproquement, si le polygone circonscrit est régulier, les quadrilatères auront trois angles égaux, savoir : deux angles droits (32) et un angle du polygone. Donc, le quatrième angle ou l'angle au centre sera égal dans tous les quadrilatères; donc, les arcs interceptés par les côtés du polygone seront égaux (43).

CorollAIRE 1. — En repliant un quadrilatère sur le suivant autour du rayon commun , on voit que chaque côté du polygone circonscrit est partagé, au point de tangence, en deux parties égales.

CorollAIRE 2.—1º Quand un polygone régulier inscrit dans un cercle est donné , on circonscrit facilement à ce cercle un polygone d'un même nombre de côtés, en menant des tangentes, soit par tous les sommets du polygone inscrit, soit par les extrémités des rayons perpendiculaires aux côtés.

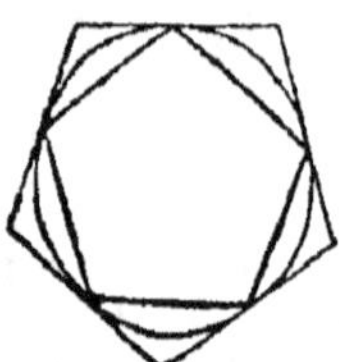 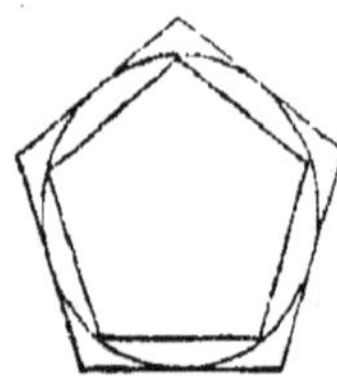

En effet, dans les deux cas , la circonférence est partagée en autant de parties égales que le polygone a de côtés.

2º Quand un polygone régulier circonscrit à un cercle est donné, on peut inscrire dans ce cercle un polygone d'un même nombre de côtés, soit en joignant les points de tangence, soit en joignant les milieux des arcs interceptés.

51. Th. — *Tout polygone régulier peut être inscrit ou circonscrit au cercle.*

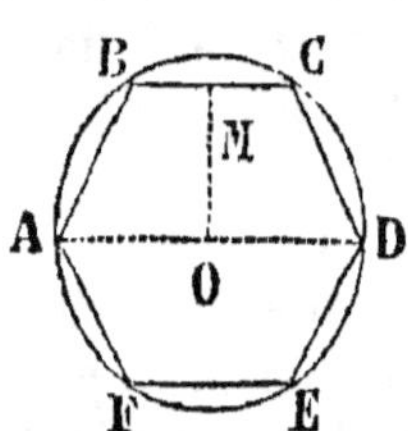

Soit le polygone régulier quelconque ABCD, etc.

1º Il peut être inscrit dans un cercle.

En effet, il est d'abord évident qu'un cercle peut passer par trois sommets, A, B, C (36). Je dis qu'il pourra passer par le sommet suivant D.

Abaissons du centre O sur BC la perpendiculaire OM ; elle partagera BC en deux parties égales (39). Autour de OM, replions le quadrilatère ABMO sur OMCD. L'angle OMB étant droit, ainsi que OMC, BM prendra la direction de BC ; BM égalant MC, le point B tombera en C ; l'angle B égalant l'angle C par la nature des polygones réguliers, AB prendra la direction de CD ; de plus , AB égalant CD pour la même raison , le point A tombera en D. Donc, AO=OD, et le cercle qui passe par les sommets A , B , C passera aussi par le sommet D. On prouverait de la même manière que ce cercle passera par les sommets suivants. Donc, le polygone peut être inscrit.

2o Le polygone donné peut être circonscrit au cercle.

En effet, puisqu'il peut être inscrit, tous ses côtés étant des cordes égales, sont également éloignés du centre. Donc, les perpendiculaires, telles que OM, sont égales. En prenant une de ces perpendiculaires pour rayon et le point O pour centre, on peut donc décrire une circonférence qui passe par toutes les extrémités des perpendiculaires, et à laquelle les côtés du polygone seront tangents. Donc, le polygone peut être circonscrit au cercle.

SCHOLIE. — Le centre du cercle inscrit ou circonscrit s'appelle *centre du polygone régulier*.

Le rayon OM du cercle inscrit porte le nom d'*apothème*.

POLYGONE INFINITÉSIMAL.

B. B. Un polygone *infinitésimal* est un polygone d'une infinité de côtés infiniment petits.

52. TH. — *Le cercle peut être considéré comme un polygone régulier d'une infinité de côtés.*

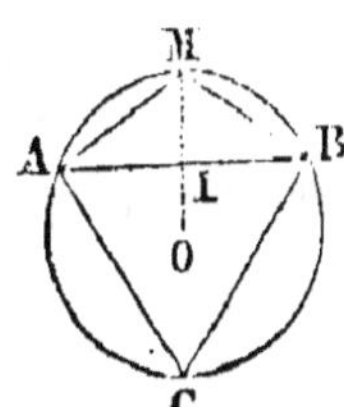

Inscrivons dans un cercle un polygone régulier quelconque, par exemple ABC, et puis un polygone régulier d'un nombre double de côtés. Il suffira pour cela d'abaisser des rayons, tels que OM, perpendiculaires sur les côtés, et de joindre les extrémités des rayons avec les sommets du polygone.

L'apothème OI du polygone dont le côté est AB, est plus court que celui du polygone dont le côté est MB, parce que la corde MB est plus éloignée du centre que AB (41).

Si l'on inscrivait un autre polygone d'un nombre double de côtés, son apothème serait encore plus long que celui du polygone précédent. L'apothème croît donc constamment en inscrivant successivement de nouveaux polygones; nous disons de plus qu'il tend à devenir égal au rayon.

En effet, la différence entre un apothème quelconque OI

et le rayon OM est MI. Or, MI perpendiculaire est moindre que MB oblique ; d'ailleurs la corde MB est moindre que l'arc sous-tendu MB, arc qui diminue de plus en plus en doublant indéfiniment le nombre des côtés du polygone, et peut devenir moindre que toute quantité donnée. Donc, à plus forte raison, la différence IM entre le rayon et l'apothème devient elle-même moindre que toute quantité donnée. Ainsi, quand le polygone a une infinité de côtés, l'apothème ne diffère pas du rayon, et le cercle peut être pris pour le polygone. Nous pourrons donc désormais considérer *le cercle comme un polygone régulier d'une infinité de côtés dont l'apothème est le rayon.*

CHAPITRE QUATRIÈME.

—

LIGNES PROPORTIONNELLES

ET FIGURES SEMBLABLES.

DÉFINITIONS. — On appelle *lignes proportionnelles* des lignes dont les longueurs sont en proportion.

On nomme *polygones semblables*, des polygones qui ont les angles respectivement égaux et les côtés homologues proportionnels.

Les *côtés homologues* sont les côtés adjacents aux angles égaux.

ARTICLE 1er — *Lignes Proportionnelles.*

DROITES CONCOURANTES COUPÉES PAR DES PARALLÈLES.

53. Th. — *Toute parallèle à l'un des côtés du triangle divise les deux autres côtés en parties proportionnelles, et réciproquement toute ligne qui partage deux côtés d'un triangle en parties proportionnelles est parallèle au troisième côté.*

Soit DE parallèle au côté BC.

1° Supposons d'abord que AD et DB ont une commune mesure ; cette commune mesure sera contenue, par exemple, trois fois dans AB et deux fois dans DB, ce qui donnera la proportion :

$$AD : DB :: 3 : 2.$$

Par tous les points de division, menons à DE des parallèles qm, tn, fp, et par les points m, n, E, p, menons les lignes mr, ns, etc., parallèles à AB. Toutes ces parallèles égales respectivement à qt, tD, etc., comme côtés opposés d'un parallélogramme, sont égales entr'elles. De plus, les angles A, rmn, etc., sont égaux comme correspondants ; les angles Aqm, mrn, etc., sont égaux comme ayant leurs côtés parallèles et dirigés dans le même sens (16). Donc, les triangles Aqm, mrn, etc., sont égaux entr'eux ; par conséquent, on a : $Am = mn = nE = $ etc. ; d'où il résulte que AE contient trois fois, et que EC contient deux fois une même longueur Am, ou qu'on a la proportion :

$$AE : EC :: 3 : 2,$$

qui, comparée à la proportion ci-dessus, donne, à cause du rapport commun,

$$AD : DB :: AE : EC.$$

2° Si AD et DB ne sont pas commensurables, on pourra toujours partager AD en parties égales assez petites pour qu'une de ces parties, portée au nombre indéfini de fois sur DB, laisse un reste moindre que toute quantité donnée et susceptible ainsi d'être négligé. On tombe ainsi dans le premier cas.

Réciproquement, soit la proportion :

$$AD : DB :: AE : EC.$$

Si DE n'est pas parallèle à BC, menons par le point D la parallèle DK; elle donnera la proportion :

$$AD : DB :: AK : KC.$$

Cette proportion et celle de l'hypothèse ont un rapport commun; les autres rapports sont donc égaux, et l'on a la proportion :

$$AE : EC :: AK : KC,$$

ou, en transposant les moyens,

$$AE : AK :: EC : KC,$$

proportion impossible; car, AE étant plus petit que AK, EC devrait être plus petit que KC, ce qui n'a pas lieu.

COROLLAIRE 1. — Par le simple jeu des proportions, la proportion de l'énoncé en donne plusieurs autres; par exemple :

$$AD : (AD+DB) :: AE : (AE+EC),$$

ou $\quad AD : AB :: AE : AC.$

$$(AD+DB) : DB :: (AE+EC) : EC,$$

ou $\quad AB : DB :: AC : EC.$

COROLLAIRE 2. — Les segments de deux droites déterminés par plusieurs parallèles AC, EF, GH, etc., sont proportionnels; car, soit O le point de concours des droites OB, OD; on aura dans le triangle OEF :

$$OE : OF :: AE : CF.$$

Dans les triangles OGH, on aura semblablement :

$$OE : OF :: EG : FH,$$

Donc, à cause du rapport commun, on a :

$$AE : CF :: EG : FH.$$

PARALLÈLES RENCONTRÉES PAR DES CONCOURANTES.

54. Th. — *Deux parallèles rencontrées par des concourantes sont divisées par ces droites en parties proportionnelles.*

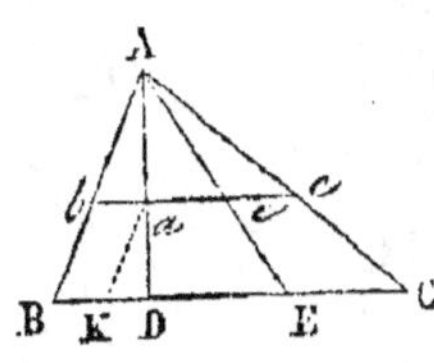

Soient les parallèles BC, *bc*, rencontrées par les concourantes AB, AD, etc..... Du point *d*, menons *d*K parallèle à AB; il vient (53):

$$AD : Ad :: BD : BK ;$$

mais, à cause du parallélogramme *b*BK*d*,

BK=*bd*; donc,

$$AD : Ad :: BD : bd.$$

On aurait encore

$$AD : Ad :: DE : de.$$

De ces deux proportions, on conclut que

$$BD : bd :: DE : de.$$

On prouverait de même que les rapports entre les autres parties sont égaux.

ARTICLE 2. — *Triangles semblables.*

§ 1. — Cas de similitude.

55. Th. — *Deux triangles équiangles ont les côtés homologues proportionnels et sont semblables.*

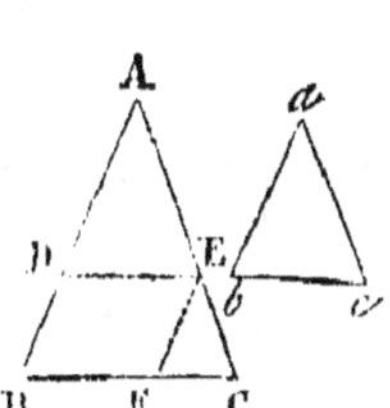

Soient les deux triangles ABC, *abc*. Prenons sur AB la partie AD=*ab*, et sur AC, AE=*ac* ; tirons DE, et menons par le point E, EF parallèle à AB.

Les triangles ADE, *abc* sont égaux, comme ayant un angle égal compris entre deux côtés égaux.

L'angle ADE étant égal à *b*, sera égal à B, et DE sera parallèle à BC (12), ce qui donnera la proportion :

$$AB : AD :: AC : AE (53).$$

De plus, à cause de la parallèle EF, on aura :

$$AC : AE :: BC : BF ;$$

mais, à cause du parallélogramme BFED, on a DE=BF. Donc,

$$AC : AE :: BC : DE.$$

En comparant cette proportion à la première, on a, enfin :

$$AB : AD :: AC : AE :: BC : DE,$$

ou bien, $AB : ab :: AC : ac :: BC : bc.$

COROLLAIRE 1. — Pour que deux triangles soient semblables, il suffit qu'ils aient deux angles égaux ; car alors le troisième sera égal, et les triangles seront équiangles.

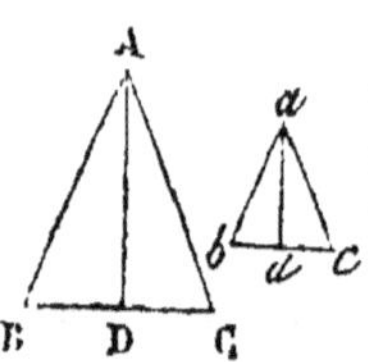

COROLLAIRE 2. — Si du sommet d'un angle égal, on abaisse dans deux triangles semblables des perpendiculaires aux côtés opposés, ces perpendiculaires seront proportionnelles aux côtés. En effet, les triangles ABD, abd sont semblables comme ayant un angle droit D, d, et l'angle B=b par hypothèse. Donc, on a :

$$AD : ad :: AB : ab :: AC : ac, \text{ etc.}$$

SCHOLIE. — Dans les triangles semblables, les côtés homologues sont opposés aux angles égaux.

56. TH. — *Deux triangles qui ont les côtés proportionnels sont équiangles, et par conséquent semblables.*

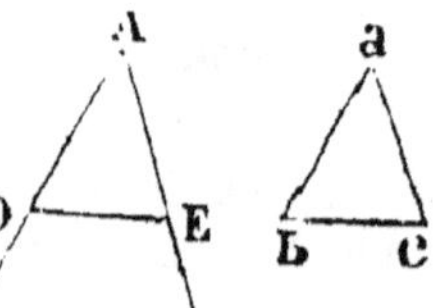

Soient les triangles ABC, abc. Supposons que l'on ait :

$$AB : ab :: AC : ac. :: BC : bc.$$

Prenons sur AB une partie AD=ab, et menons, par le point D, DE, parallèle à BC ; les triangles ABC, ADE étant équiangles, donneront :

$$AB : AD :: AC : AE :: BC : DE.$$

Mais, comme par construction AD=*ab*, ces rapports sont égaux à ceux de l'hypothèse, et l'on aura par suite AE=*ac*, DE=*bc*. Donc, les triangles ADE, *abc* sont égaux, comme ayant les trois côtés respectivement égaux. Or, les triangles ABC, ADE sont équiangles ; donc, les triangles ABC, *abc* le sont aussi, et par conséquent ils sont semblables.

57. Th. — *Deux triangles qui ont un angle égal compris entre deux côtés proportionnels sont semblables.*

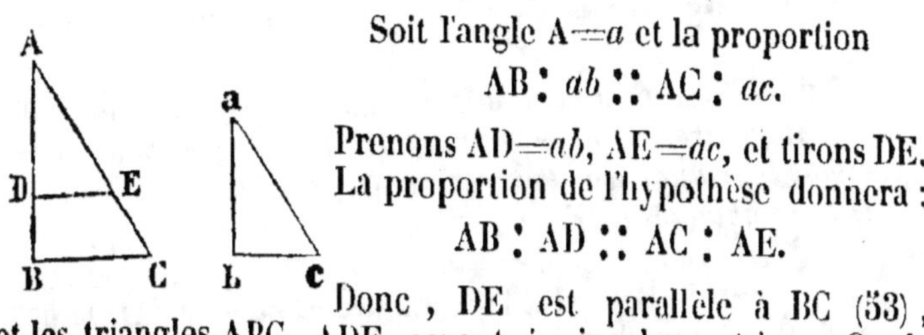

Soit l'angle A=*a* et la proportion

$$AB : ab :: AC : ac.$$

Prenons AD=*ab*, AE=*ac*, et tirons DE. La proportion de l'hypothèse donnera :

$$AB : AD :: AC : AE.$$

Donc, DE est parallèle à BC (53), et les triangles ABC, ADE seront équiangles entr'eux. Or, le triangle ADE=*abc*, comme ayant un angle égal compris entre deux côtés égaux ; donc, enfin, ABC et *abc* sont équiangles, et par suite semblables (55).

58. Th. — *Deux triangles qui ont les côtés parallèles ou perpendiculaires sont semblables.*

Soient A, B, C et *a*, *b*, *c*, les angles des deux triangles.

Il suffit de prouver que ces angles sont respectivement égaux. Les angles formés par des droites parallèles ou perpendiculaires étant égaux ou supplémentaires (16), on ne pourra faire que les quatre hypothèses suivantes :

1o A+*a*=2 droits, B+*b*=2 droits, C+*c*=2 droits.
2o A+*a*=2 droits, B+*b*=2 droits, C=*c*.
3o A+*a*=2 droits, B=*b*,   C=*c*.
4o A=*a*,   B=*b*,   C=*c*.

La première hypothèse donnerait, pour la somme des trois angles des deux triangles, six angles droits, ce qui ne se peut (22).

La seconde en donnerait plus de quatre, ce qui est encore impossible.

La troisième est également inadmissible, puisque, quand deux angles sont égaux dans deux triangles, le troisième l'est nécessairement (22, coroll. 3).

La quatrième est donc la seule hypothèse admissible.

SCHOLIE — Les côtés homologues sont les côtés perpendiculaires ou parallèles.

§ 2. — **Applications des Théorèmes précédents.**

59. TH. —*Si dans un triangle rectangle on abaisse du sommet de l'angle droit une perpendiculaire sur l'hypothénuse, elle décompose le triangle en deux triangles semblables au triangle donné et semblables entr'eux.*

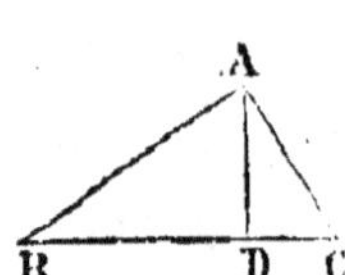

Soit ABC le triangle rectangle, et AD la perpendiculaire.

Les triangles ABD, ABC ont l'angle B commun ; ils sont d'ailleurs rectangles ; donc, ils sont semblables. De même, le triangle ADC est semblable à ABC ; car l'angle C est commun, et les deux triangles sont rectangles. Enfin, ces deux triangles ayant leurs angles égaux à ceux du triangle donné, sont équiangles entr'eux, et par suite semblables.

COROLLAIRE 1. — *Chaque côté de l'angle droit est moyen-proportionnel entre l'hypothénuse et sa projection sur l'hypothénuse,* ou le segment adjacent à ce côté. En effet, la similitude des triangles ABC, ABD donne la proportion :

$$BC : AB :: AB : BD.$$

De même, en comparant ADC au grand triangle, on obtient :

$$BC : AC :: AC : DC.$$

COROLLAIRE 2. — *La perpendiculaire est moyenne-proportionnelle entre les projections des côtés.* En effet, la similitude des triangles ABD, ADC, donne :

$$BD : AD :: AD : DC.$$

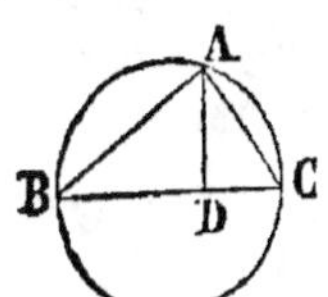

SCHOLIE 1. — Si d'un point quelconque A d'une circonférence on mène les cordes AB, AC aux extrémités du diamètre BC, et qu'on abaisse la perpendiculaire AD, le triangle ABC sera rectangle en A (45 cor. 2), et l'on tombera dans le cas du théorème.

Alors, les deux corollaires pourront s'énoncer ainsi :

1º *Toute corde est moyenne-proportionnelle entre le diamètre et sa projection sur le diamètre ;*

2º *Toute perpendiculaire abaissée d'un point de la circonférence sur le diamètre est moyenne-proportionnelle entre les deux segments du diamètre.*

SCHOLIE 2. — Les proportions trouvées dans le premier corollaire donnent les égalités :

$$\overline{AB}^2 = BC \times BD, \ \overline{AC}^2 = BC \times DC,$$

qui, additionnées membre à membre, donnent :

$$\overline{AB}^2 + \overline{AC}^2 = BC \times (BD + DC) = BC \times BC = \overline{BC}^2.$$

Donc, le carré de la longueur de l'hypoténuse d'un triangle rectangle est égal à la somme des carrés des deux autres côtés.

Cette propriété, trouvée par l'analyse, sera démontrée directement par la Géométrie.

* 60. TH. — *Les parties de deux cordes qui se coupent dans un cercle sont réciproquement proportionnelles.*

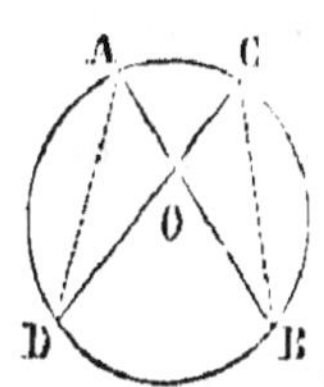

Soient les cordes AB, CD qui se coupent au point O. Tirons, par construction, AD, CB.

Les triangles AOD, COB sont semblables, parce qu'ils ont deux angles égaux ; l'angle D=B comme inscrit dans un même segment (45), et l'angle AOD=COB comme opposé par le sommet. Les côtés homologues de ces triangles donneront donc la proportion :

$$OD : OB :: OA : OC.$$

*** 61. Th.** — *Si d'un même point pris hors d'un cercle on mène deux sécantes à ce cercle, les sécantes entières seront réciproquement proportionnelles à leur partie extérieure.*

Soient les sécantes OB, OD menées du point O. Tirons AB, CD.

Les triangles OCD, OAB sont semblables, parce qu'ils ont deux angles égaux, savoir : l'angle O commun, et l'angle D=B, comme inscrit dans un même segment ; ce qui nous donnera la proportion :

$$\text{OD} : \text{OB} :: \text{OC} : \text{OA}.$$

62. Th. — *Si d'un point extérieur à un cercle on mène une tangente et une sécante, la tangente est moyenne-proportionnelle entre la sécante et sa partie extérieure.*

Soient la tangente OA et la sécante OC, dont la partie extérieure est OD. Joignons AD et AC.

Les triangles OAD et OAC sont semblables, parce qu'ils ont l'angle O commun, et l'angle OAD=C comme ayant pour mesure la moitié de l'arc AD (45 et 46). Les côtés homologues donnent donc la proportion :

$$\text{OC} : \text{OA} :: \text{OA} : \text{OD}.$$

Article 3. — *Polygones quelconques.*

§ 1. — **Cas de similitude.**

CAS GÉNÉRAL.

63. Th. — *Deux polygones sont semblables, lorsqu'ils sont composés d'un même nombre de triangles semblables et semblablement placés.*

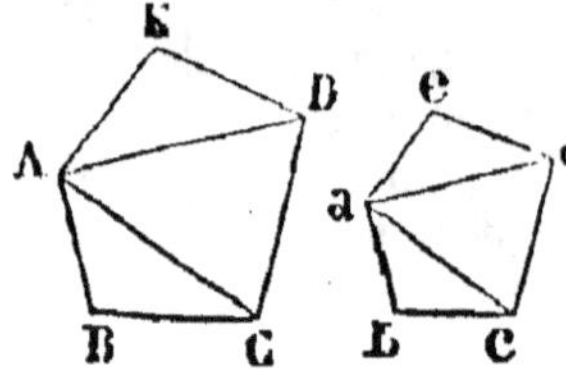

Soient les polygones ABCDE, abcde, et les triangles semblables ABC, abc, ACD, acd, ADE, ade.

Prouvons d'abord l'égalité des angles. Les triangles ABC, abc étant semblables d'après l'hypothèse, l'angle B=b, et l'angle BCA=bca.

De même, les triangles ADC, *adc* donnent l'angle ACD=*acd* ; d'où il suit que l'angle BCD, composé des deux angles BCA, ACD, est égal à *bcd* composé de deux angles respectivement égaux, *bca*, *acd*. Le second angle du polygone est donc égal au premier. On ferait la même démonstration pour les angles suivants.

De plus, les côtés homologues sont proportionnels. En effet, la similitude des triangles fournit les proportions :

$$AB : ab :: BC : bc :: AC : ac,$$
$$AC : ac :: CD : cd :: AD : ad,$$
$$AD : ad :: ED : ed :: AE : ae,$$

proportions qui donnent, à cause des rapports communs :

$$AB : ab :: BC : bc :: CD : cd :: ED : ed :: AE : ae.$$

SCHOLIE. — Réciproquement, la similitude des polygones entraîne celle des triangles. En effet, d'abord le premier triangle ABC est semblable à *abc*, puisqu'on a dans l'un et dans l'autre un angle B=*b* compris entre deux côtés proportionnels ; car, par hypothèse,

$$AB : ab :: BC : bc.$$

Le second triangle ACD est aussi semblable à *acd*; car,

$$\text{l'angle ACD}=\text{BCD}—\text{BCA}.$$

De même,

$$acd=bcd—bca \ ;$$

mais par hypothèse,

$$\text{l'angle BCD}=bcd, \text{ et BCA}=bca,$$

à cause de la similitude des triangles ABC, *abc*. Donc, ACD=*acd*. De plus, ces deux angles sont compris entre des côtés proportionnels, car les premiers triangles semblables donnent :

$$BC : bc :: AC : ac ,$$

et l'on a, d'après l'hypothèse ,

$$BC : bc :: CD : cd.$$

Donc, à cause des rapports communs, on obtient la proportion

$$AC : ac :: CD : cd ,$$

et les seconds triangles sont semblables. On démontrerait de la même manière la similitude des triangles suivants.

CAS PARTICULIER. — POLYGONES RÉGULIERS.

64. Th. — *Deux polygones réguliers d'un même nombre de côtés sont semblables.*

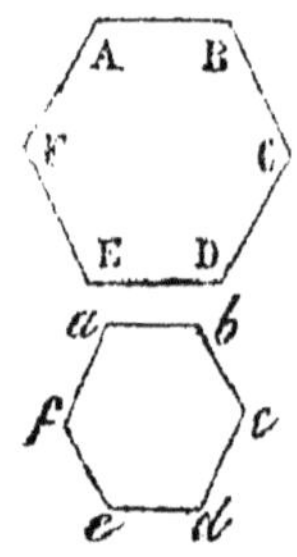

Soient, par exemple, deux hexagones réguliers ABCDEF, *abcdef*.

La somme des angles est la même dans les deux polygones, parce qu'ils ont un égal nombre de côtés (30), et cette somme est ici égale à huit angles droits. Or, par la nature des polygones réguliers, les angles de chaque polygone étant égaux entr'eux, chacun vaut la sixième partie de huit angles droits; ils sont donc tous égaux dans les deux polygones.

En second lieu, puisque les côtés de chaque polygone sont égaux entr'eux, le même rapport existe évidemment entre les côtés d'un polygone et ceux de l'autre; la condition de la proportion des côtés est donc encore remplie, et les polygones sont semblables.

SCHOLIE. — Tous les cercles sont semblables, puisqu'ils sont des polygones réguliers d'une infinité de côtés (52).

§ 2. — Rapport entre les périmètres des Polygones semblables.

65. Th. — *Les périmètres des polygones semblables sont entr'eux comme les côtés homologues.*

En effet, en désignant par C, C', C", etc., les côtés d'un polygone, et par *c*, *c'*, *c"*, etc., ceux du polygone semblable, la proportion des côtés

$$C : c :: C' : c' :: C'' : c'' :: \text{etc.}\dots$$

donne $C + C', C'' +, \text{etc.}\dots : c + c', c'' + \text{etc.}\dots :: C : c.$

66. Th. — *Les périmètres des polygones réguliers semblables sont entr'eux comme les rayons des cercles inscrits ou circonscrits.*

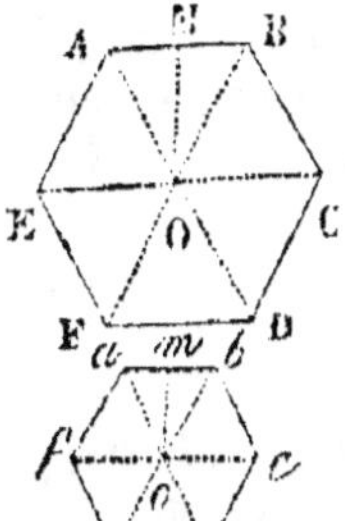

Soient les deux polygones réguliers semblables ABCD... *abcd*..., dans lesquels AO, *ao* sont les rayons des cercles circonscrits, et MO, *mo* ceux des cercles inscrits ou les apothèmes.

Tous les triangles ABO, BCO, etc., sont égaux, ainsi que *abo*, *bco*, etc., comme ayant les trois côtés respectivement égaux. De plus, les triangles d'un polygone sont semblables à ceux de l'autre, comme ayant l'angle au centre égal (50) compris entre deux côtés proportionnels. Cela posé, on a :

$$\text{AB} : ab :: \text{AO} : ao \, ,$$

$$\text{et AB} : ab :: \text{MO} : mo \, (55, \text{coroll. } 2).$$

Multipliant les deux termes des premiers rapports par n, nombre des côtés du polygone, il vient :

$$\text{AB} \times n : ab \times n :: \text{AO} : ao,$$

$$\text{AB} \times n : ab \times n :: \text{MO} : mo,$$

ce qu'il fallait démontrer.

67. Th. — *Les circonférences sont entr'elles comme leurs rayons.*

En effet, les périmètres des polygones réguliers semblables étant entr'eux comme leurs apothèmes (66), les circonférences seront entr'elles comme leurs rayons, puisqu'on peut considérer les cercles comme des polygones réguliers (52) et qu'ils sont semblables (64). En désignant par C et *c* deux circonférences dont les rayons sont R et *r*, on a donc :

$$\text{C} : c :: \text{R} : r.$$

Corollaire 1.— Comme le diamètre est le double du rayon, en doublant les deux termes du second rapport de la proportion ci-dessus, on a :

$$\text{C} : c :: 2\text{R} : 2r.$$

Donc, les circonférences sont entr'elles comme les diamètres.
Enfin, en intervertissant les moyens, on a :

$$C : 2R :: c : 2r ;$$

ce qui montre que *le rapport de la circonférence au diamètre est constant.* On a désigné ce rapport par la lettre π, initiale du mot grec περιφέρεια, qui veut dire circonférence.

COROLLAIRE 2. — Puisque $\frac{C}{2R} = \pi$, on a :

$$C = \pi \times 2R = 2\pi R .$$

Telle est la mesure de la circonférence, si l'on remplace π par sa valeur qui a été trouvée égale à 3,1415926535, etc., ou à 3,14, à moins d'un demi-centième, comme nous le verrons dans les problèmes.

CHAPITRE CINQUIÈME.

MESURE DES AIRES.

DÉFINITIONS. — L'*aire* d'une figure est le rapport de son étendue à celle de l'unité de surface.

Des figures sont dites *équivalentes* lorsqu'elles ont la même aire.

La *hauteur* d'un parallélogramme est la perpendiculaire qui mesure la distance de deux côtés opposés pris pour *bases.*

La hauteur du trapèze est la perpendiculaire menée entre les deux côtés parallèles pris pour bases.

La hauteur d'un triangle est la perpendiculaire abaissée du sommet d'un angle sur le côté opposé pris pour base.

On mesure l'aire d'une figure en cherchant combien de fois cette figure contient un carré dont le côté est déterminé. Ce carré est ainsi l'*unité de surface*, et le nombre qui représente l'aire d'une figure indique le nombre de carrés qu'elle contient.

ARTICLE 1er — *Aires de divers Polygones et du Cercle.*

68. TH. — *L'aire d'un rectangle est égale au produit de sa base multipliée par sa hauteur.*

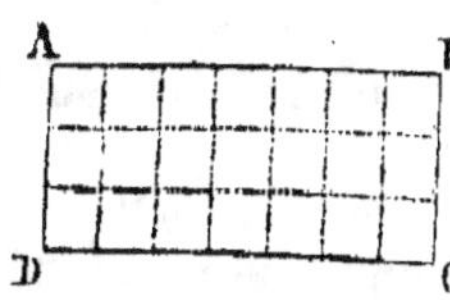

1º Supposons d'abord que la base et la hauteur soient commensurables, c'est-à-dire qu'elles contiennent chacune un nombre exact de fois une certaine unité de longueur ; il faut prouver que la figure contiendra autant de carrés (dont le côté est l'unité de longueur) qu'il y a d'unités dans le produit de la base multipliée par la hauteur.

Soit le rectangle ABCD, dont la base a, par exemple, 7, et la hauteur 3 unités de longueur.

Par chaque point de division de la base élevons des perpendiculaires à cette base, et par chaque point de division de la hauteur menons des parallèles à cette même base : le rectangle sera partagé en trois tranches horizontales, dont chacune contient sept carrés ; il contiendra 3 fois 7 carrés ou 21 carrés.

En général, si b représente le nombre d'unités de la base, et h le nombre d'unités de la hauteur, il y aura h tranches de b carrés chacune, ou $b \times h$ carrés.

2º Si la base et la hauteur étaient incommensurables, on partagerait la base en parties assez petites pour que la hauteur en contînt un nombre tel que le reste pût être négligé ; alors, on tomberait dans le premier cas.

COROLLAIRE 1. — Deux rectangles de même base sont entr'eux comme leurs hauteurs. En effet, soit b la base égale, et h, h' les hauteurs ; r un rectangle, et r' l'autre ; on aura :

$$r = bh, \quad r' = bh',$$

et en divisant membre à membre ces deux égalités,

$$\frac{r}{r'} = \frac{bh}{bh'} = \frac{h}{h'}, \text{ ou bien, } r : r' :: h : h'$$

COROLLAIRE 2. — Deux rectangles de même hauteur sont entr'eux comme leurs bases. Soient, comme ci-dessus, r, r' les rectangles ; b, b' leurs bases, et h la hauteur commune; on a :

$$r = bh, \quad r' = b'h,$$

d'où, $\dfrac{r}{r'} = \dfrac{bh}{b'h} = \dfrac{b}{b'}$, ou $r : r' :: b : b'$.

69. Th. — *L'aire du parallélogramme est égale au produit de sa base par sa hauteur.*

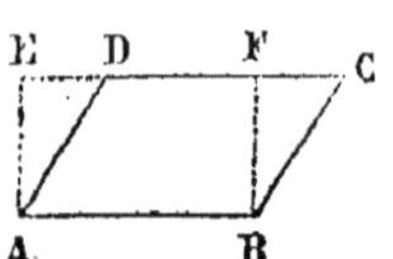

Soit le parallélogramme ABCD. Il suffit de prouver qu'il est équivalent à un rectangle de même base et de même hauteur.

Prolongeons la base supérieure , et par les points A et B élevons sur AB les perpendiculaires AE, BF. La figure ABFE est un rectangle de même base AB et de même hauteur BF que le parallélogramme.

Le triangle EAD=FBC, comme ayant un côté égal adjacent à deux angles égaux , savoir : AD=BC par la nature du parallélogramme; l'angle EAD=FBC et l'angle EDA=FCB, comme formés par des parallèles dirigées dans le même sens. Or, si de la figure totale AECB on retranche tour-à-tour l'un ou l'autre triangle, les restes doivent être équivalents , puisque les parties que l'on retranche sont égales ; si l'on retranche le triangle EAD, il reste le parallélogramme ; si l'on retranche le triangle FBC, il reste le rectangle. Donc, le rectangle et le parallélogramme sont équivalents , et le parallélogramme a la même mesure que le rectangle, c'est-à-dire le produit de la base par la hauteur.

Corollaires 1 et 2. — (Comme au théorème précédent).

Corollaire 3. — Deux parallélogrammes de même base et de même hauteur sont équivalents, puisqu'ils sont équivalents à un même rectangle.

70. Th. — *L'aire d'un triangle est égale à la moitié du produit de sa base par sa hauteur.*

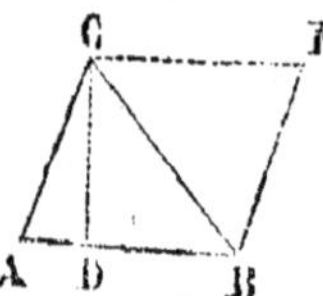

Soit le triangle ABC. Par le point C menons CE parallèle à la base , et par le point B menons BE parallèle au côté AC.

La figure ABEC est un parallélogramme de même base AB et de même hauteur CD que le triangle donné. Or, ce triangle , qui est égal au triangle CBE, est la moitié du parallélogramme; il aura donc pour mesure la moitié de celle du parallélogramme, c'est-à-dire la moitié du produit de la base par la hauteur.

COROLLAIRE.—Deux triangles de même hauteur sont entr'eux comme leurs bases, et deux triangles de même base sont entr'eux comme leurs hauteurs.

71. TH. — *L'aire du trapèze est égale à la moitié du produit de la somme des bases, multipliée par la hauteur.*

Soit le trapèze ABCD. Tirons la diagonale AC.

L'aire du trapèze est égale à la somme des aires des triangles ABC, ACD. Le premier a pour base AB, la grande base du trapèze, et le second la petite base DC; ils ont d'ailleurs même hauteur CF ou EA que le trapèze. Or, la mesure du premier triangle est $\frac{1}{2}$ AB $\times$ CF; celle du second est $\frac{1}{2}$ CD $\times$ EA, ou $\frac{1}{2}$ CD $\times$ CF. Donc, les deux réunis ont pour mesure $\frac{1}{2}$ (AB$+$CD) $\times$ CF.

Si l'on représente les deux bases par B, b, et la hauteur par h, la mesure du trapèze sera : $\frac{1}{2}$ (B$+b$) $\times h$.

SCHOLIE. — La parallèle aux bases MN, menée par le milieu d'un côté, est égale à la demi-somme des bases, ou est une moyenne arithmétique entre les bases. En effet, menons par le point N la ligne EF parallèle à AD, et prolongeons DC jusqu'au point de rencontre E avec cette parallèle. Les triangles CNE, FNB sont égaux, car l'angle CNE$=$FNB (6). Le côté CN$=$NB (53, coroll. 2), et l'angle ECN$=$NBF (12, sch.).

Donc,   CE$=$FB, et AF$+$DE$=$AB$+$DC.

Or,   AF$+$DE$=$2 AF$=$2 MN (27);

donc, $MN=\dfrac{AB+DC}{2}$

La surface du trapèze sera donc, MN $\times h$.

72. Th. — *L'aire d'un polygone quelconque est égale à la somme des aires des triangles qu'il contient.*

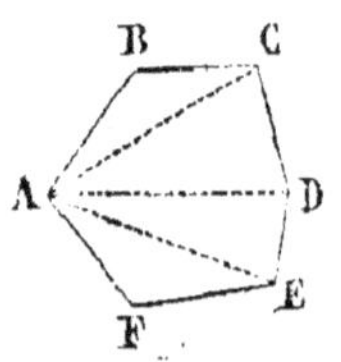

Soit le polygone ABCDEF. Par un sommet quelconque A , menons des diagonales AC, AD, AE. Le polygone est évidemment équivalent à la somme des triangles ABC, ACD, etc. ; donc, son aire est égale à la somme des aires de ces triangles.

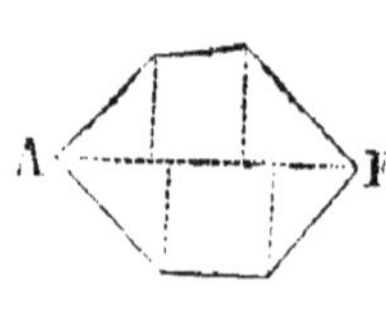

Scholie. — Souvent aussi , pour trouver l'aire d'un polygone, on joint les deux sommets les plus éloignés A , E , et de chacun des autres sommets on abaisse des perpendiculaires sur la ligne AE. Le polygone se trouve ainsi décomposé en triangles rectangles et en trapèzes.

73. Th. — *L'aire d'un polygone régulier est égale au périmètre multiplié par la moitié de l'apothème.*

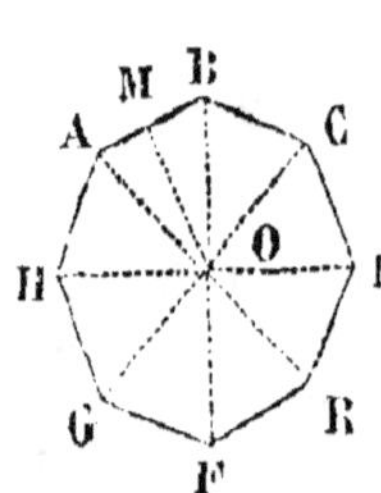

Soit le polygone régulier ABCDRFGH. Menons un apothème OM, et les droites OA, OB, OC, etc.

L'aire du polygone est égale à la somme des aires des triangles égaux AOB, BOC, etc., ou à l'aire d'un triangle quelconque , multipliée par le nombre des triangles ou le nombre des côtés. Or, l'aire du triangle AOB est égale à $AB \times \frac{1}{2} OM$. Par suite, si le nombre des côtés est n, l'aire totale égale $AB \times n \times \frac{1}{2} OM$; et comme $AB \times n$ est le périmètre, l'aire totale est égale enfin au produit du périmètre par la moitié de l'apothème.

74. Th. — *L'aire du cercle est égale au produit de la circonférence par la moitié du rayon.*

En effet, le cercle pouvant être considéré comme un polygone régulier d'une infinité de côtés dont l'apothème est le rayon, a la même mesure qu'un tel polygone, c'est-à-dire le produit de la circonférence par la moitié du rayon.

Corollaire important. — La longueur de la circonférence est, comme on l'a vu (67, coroll. 2), $2\pi R$. En multipliant cette longueur par la moitié du rayon, on trouve la mesure du cercle égale à $2\pi R \times \frac{1}{2}R$ ou à πR^2. C'est la formule qu'on emploie pour trouver l'aire du cercle.

Article 2. — *Carrés construits sur les côtés d'un triangle.*

75. Th. — *Le carré construit sur l'hypoténuse d'un triangle rectangle est égal à la somme des carrés construits sur les deux autres côtés.*

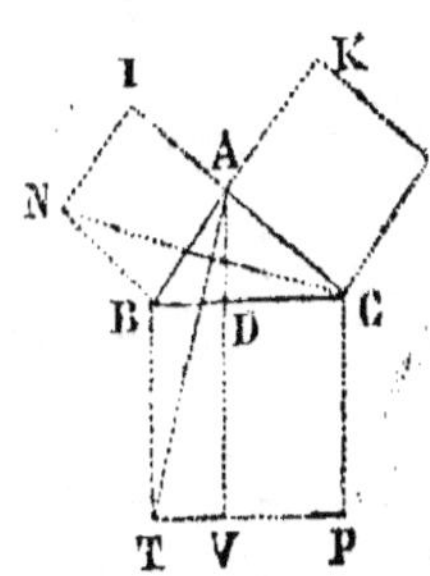

Soit le triangle ABC, rectangle en A. Construisons sur chaque côté les carrés BCPT, ACLK, ABNI. Du point A, abaissons sur l'hypoténuse la perpendiculaire AD, en la prolongeant jusqu'en V ; tirons NC et AT. Le triangle NBC=ABT, comme ayant un angle égal compris entre deux côtés égaux, savoir : l'angle NBC=ABT, comme composés chacun d'un angle droit et de l'angle ABC : NB=AB, et BC=BT, comme côtés d'un même carré. Or, le premier triangle est équivalent à la moitié du carré ABNI, comme ayant même base et même hauteur ; le second triangle est équivalent à la moitié du rectangle BDVT, pour la même raison. Donc, le carré ABNI et le rectangle BDVT sont équivalents entr'eux, puisque leurs moitiés sont équivalentes.

Par une construction semblable, on prouverait que le carré ACLK est équivalent au rectangle CDVP. Or, le carré fait sur l'hypoténuse est égal à la somme des rectangles BDVT, CDVP. Donc, il est égal à la somme des carrés ABNI, ACLK, équivalents à ces rectangles.

Corollaire 1. — Donc, le carré de l'un des côtés de l'angle droit est égal au carré de l'hypoténuse, moins le carré de l'autre côté ; car,

l'égalité $\overline{BC}^2 = \overline{AB}^2 + \overline{AC}^2$

donne $\overline{BC}^2 - \overline{AB}^2 = \overline{AC}^2$, ou encore $\overline{BC}^2 - \overline{AC}^2 = \overline{AB}^2$

COROLLAIRE 2. — Le carré fait sur la diagonale d'un carré est égal au double de ce carré.

En effet, le triangle rectangle et isocèle ABC, donne :

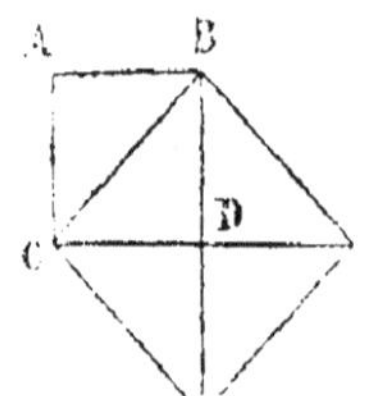

$$\overline{BC}^2 = \overline{AB}^2 + \overline{AC}^2 ;$$

et comme

$$AB = AC \text{ ou } \overline{AB}^2 = \overline{AC}^2,$$

il vient

$$\overline{BC}^2 = 2\,\overline{AB}^2,$$

ce qui donne la proportion

$$\overline{BC}^2 : \overline{AB}^2 :: 2 : 1.$$

En extrayant la racine carrée de chaque terme, il vient :

$$BC : AB :: \sqrt{2} : 1.$$

Donc, la diagonale d'un carré est incommensurable avec son côté, puisque $\sqrt{2}$ est incommensurable.

COROLLAIRE 3. — Le carré de l'hypoténuse est au carré d'un autre côté comme l'hypoténuse est à la projection de ce côté.

En effet, le carré de l'hypoténuse et un des rectangles BDVT ont même hauteur BT ; ils sont donc entr'eux comme leurs bases (63, cor. 2), et l'on a :

$$\overline{BC}^2 : BDVT :: BC : BD,$$

ou, en remplaçant le rectangle BDVT par le carré de AB qui lui est équivalent,

$$\overline{BC}^2 : \overline{AB}^2 :: BC : BD.$$

COROLLAIRE 4. — Les carrés des côtés de l'angle droit sont entr'eux comme leurs projections sur l'hypoténuse.

En effet, les rectangles BDVT, CDVP ayant même hauteur BT, sont comme les bases BD, DC, ou bien :

$$BDVT : CDVP :: BD : DC.$$

En remplaçant les rectangles par les carrés équivalents, il vient enfin :

$$\overline{AB}^2 : \overline{AC}^2 :: BD : DC.$$

SCHOLIE. — Le triangle rectangle est le seul qui jouisse de la propriété énoncée ; car, si l'on fait varier en grandeur l'angle A, en conservant les côtés adjacents, le côté opposé et par suite son carré varient dans le même sens (26).

*76. TH. — *Le carré fait sur le côté opposé à un angle aigu d'un triangle est égal à la somme des carrés des autres côtés, diminuée du double produit du second côté par la projection du troisième sur le second.*

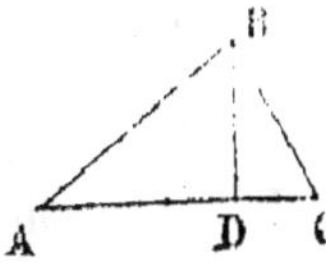

Soit le côté BC opposé à l'angle aigu A. Du point B, abaissons BD, perpendiculaire sur AC.

Le triangle rectangle BCD donne :

$$\overline{BC}^2 = \overline{BD}^2 + \overline{DC}^2.$$

Or, dans le triangle rectangle ABD, on a :

$$\overline{BD}^2 = \overline{AB}^2 - \overline{AD}^2.$$

De plus, $\quad\quad DC = AC - AD,$

ou $\quad\quad \overline{DC}^2 = \overline{AC}^2 + \overline{AD}^2 - 2\,AC \times AD.$

En substituant ces valeurs, il vient enfin, toute réduction faite :

$$\overline{BC}^2 = \overline{AB}^2 + \overline{AC}^2 - 2\,AC \times AD.$$

*77. TH. — *Le carré fait sur le côté opposé à un angle obtus est égal à la somme des carrés faits sur les autres côtés, augmentée du double produit du second côté par la projection du troisième sur le second.*

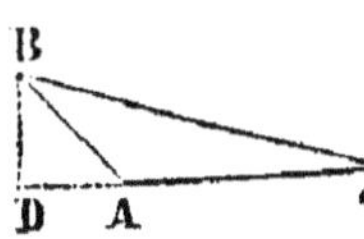

Soit le côté BC opposé à l'angle obtus A. Abaissons BD, perpendiculaire sur le prolongement de AC.

Le triangle rectangle BDC, donne

$$\overline{BC}^2 = \overline{BD}^2 + \overline{DC}^2.$$

Or, dans le triangle rectangle BAD, on a :

$$\overline{BD}^2 = \overline{AB}^2 - \overline{AD}^2.$$

De plus, $DC = AD + AC$, ou $\overline{DC}^2 = \overline{AD}^2 + \overline{AC}^2 + 2\,AC \times AD$.

En substituant ces valeurs, il vient, toute réduction faite :

$$\overline{BC}^2 = \overline{AB}^2 + \overline{AC}^2 + 2\,AC \times AD.$$

*** 78. Th.**—*Dans tout triangle, la somme des carrés de deux côtés est égale au double carré de la distance de leur point de rencontre au milieu du côté opposé, plus le double carré de la moitié de ce côté.*

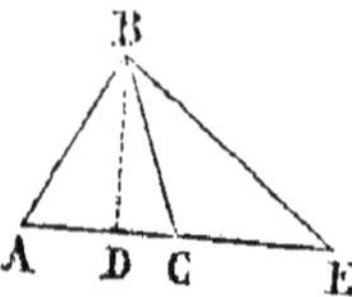

Soient les côtés AB, BE, et BC la distance du point B au milieu C de AE.

Dans le triangle ABC, on a :

$$\overline{AB}^2 = \overline{BC}^2 + \overline{AC}^2 - 2\,AC \times DC,$$

Et dans le triangle BCE,

$$\overline{BE}^2 = \overline{BC}^2 + \overline{CE}^2 + 2\,CE \times DC.$$

En ajoutant ces deux égalités, et en observant que

$$AC = CE, \text{ d'où } \overline{AC}^2 = \overline{CE}^2,$$

il vient $\overline{AB}^2 + \overline{BE}^2 = 2\,\overline{BC}^2 + 2\,\overline{AC}^2$.

Corollaire. —*Dans tout parallélogramme, la somme des carrés des côtés est égale à la somme des carrés des diagonales.*

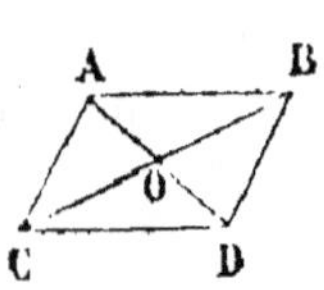

En effet, dans le triangle ABD, on a :

$$\overline{AB}^2 + \overline{BD}^2 = 2\,\overline{BO}^2 + 2\,\overline{OD}^2$$

Dans le triangle ADC, on a :

$$\overline{AC}^2 + \overline{CD}^2 = 2\,\overline{CO}^2 + 2\,\overline{OD}^2 = 2\,\overline{BO}^2 + 2\,\overline{OD}^2.$$

Donc, $\overline{AB}^2 + \overline{BD}^2 + \overline{AC}^2 + \overline{CD}^2 = 4\,\overline{BO}^2 + 4\,\overline{OD}^2 =$

$$(2\overline{BO})^2 + (2\,\overline{OD})^2 = \overline{BC}^2 + \overline{AD}^2.$$

ARTICLE 3. — *Relations entre les Aires de Polygones semblables.*

79. TH. — *Les aires de deux triangles semblables sont entr'elles comme les carrés des côtés homologues.*

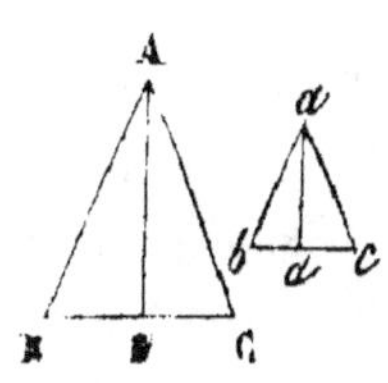

Soient les triangles semblables ABC, abc.

La similitude donne $BC : bc :: AB : ab$.

On a encore $AD : ad :: AB : ab$ (55, cor. 2); ou, ce qui revient au même,

$$\tfrac{1}{2} AD : \tfrac{1}{2} ad :: AB : ab.$$

En multipliant cette proportion et la première terme à terme, il vient :

$$\tfrac{1}{2} BC \times AD : \tfrac{1}{2} bc \times ad :: \overline{AB}^2 : \overline{ab}^2,$$

ou,   triangle ABC : triangle $abc :: \overline{AB}^2 : \overline{ab}^2$.

80. TH. — *Les aires de deux polygones semblables sont proportionnelles aux carrés des côtés homologues.*

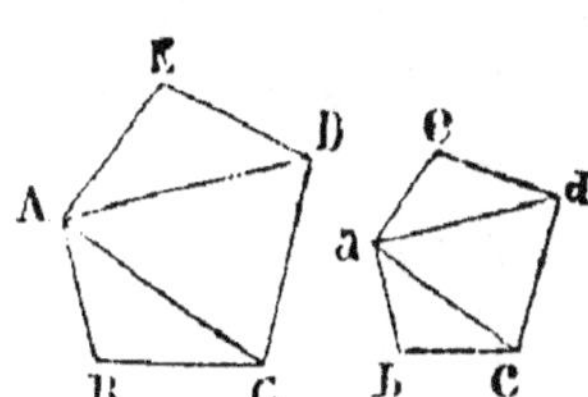

Soient les polygones ABCDE, abcde. Menons des diagonales AC, AD, ac, ad. Les polygones seront partagés en triangles semblables (63, sch.). Or, le théorème précédent donne pour les triangles :

$$ABC : abc :: \overline{AB}^2 : \overline{ab}^2.$$

$$ACD : acd :: \overline{CD}^2 : \overline{cd}^2$$

$$ADE : ade :: \overline{ED}^2 : \overline{ed}^2.$$

Mais, par la nature des polygones semblables, nous avons :

$$AB : ab :: CD : cd :: ED : ed;$$

ou, en élevant au carré tous les termes,

$$\overline{AB}^2 : \overline{ab}^2 :: \overline{CD}^2 : \overline{cd}^2 :: \overline{ED}^2 : \overline{ed}^2,$$

Les proportions ci-dessus ayant ainsi un rapport commun, donnent :

$$ABC : abc :: ACD : acd :: ADE : ade,$$

et, par une propriété des proportions,

$$ABC + ACD + ADE : abc + acd + ade :: ABC : abc,$$

$$\text{ou} :: \overline{AB}^2 : \overline{ab}^2.$$

C'est ce qu'il fallait démontrer ; car les deux premiers termes représentent les aires des polygones semblables.

81. Th. — *Les aires des polygones réguliers semblables sont entr'elles comme les carrés des rayons des cercles inscrits ou circonscrits.*

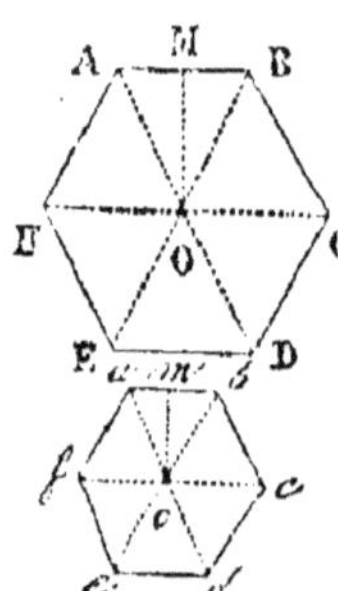

Soient les polygones réguliers semblables ABCDEF, *abcdef* ; AO, *ao* sont les rayons des cercles circonscrits ; OM, *om*, ceux des cercles inscrits. La similitude des triangles ABO, *abo*, donne :

$$ABO : abo :: \overline{AO}^2 : \overline{ao}^2$$

$$ABO : abo :: \overline{MO}^2 : \overline{mo}^2$$

Multipliant par *n* (nombre des côtés des polygones), les deux termes du premier rapport de ces proportions, il vient :

$$ABO \times n : abo \times n :: \overline{AO}^2 : \overline{ao}^2$$

$$ABO \times n : abo \times n :: \overline{MO}^2 : \overline{mo}^2$$

Ou bien, les polygones sont entr'eux comme les carrés des rayons des cercles inscrits ou circonscrits.

82. Th. — *Les cercles sont entr'eux comme les carrés de leurs rayons.*

En effet, soient C et C' deux cercles dont les rayons sont R et R'. On a C $= \pi R^2$, C' $= \pi R'^2$, ce qui donne évidemment la proportion C : C' :: πR^2 : $\pi R'^2$; ou, en divisant les deux termes du second rapport par π

$$C : C' :: R^2 : R'^2.$$

GÉOMÉTRIE DANS L'ESPACE.

—

CHAPITRE PREMIER.

—

DROITE ET PLAN.

DÉFINITIONS. — Le *plan* a été déjà défini : une surface sur laquelle on peut tracer des lignes droites dans tous les sens.

Quand une ligne n'a qu'un point commun avec un plan, ce point s'appelle le *pied* de la ligne.

Il sera démontré que lorsqu'une ligne est perpendiculaire à deux droites qui passent par son pied dans un plan, elle est perpendiculaire à toute autre ligne qui passe par son pied dans le même plan. Cette droite est dite *perpendiculaire au plan;* réciproquement, le *plan est perpendiculaire* à cette ligne.

Une ligne est *parallèle à un plan* lorsqu'elle ne peut le rencontrer à quelque distance qu'on prolonge l'un et l'autre. Le plan est réciproquement *parallèle* à la ligne.

Il suit de la définition du plan que :

1º *Quand une droite a deux de ses points dans un plan, elle y est tout entière,* sans quoi l'on pourrait mener par ces deux points deux lignes droites : l'une qui serait tout entière dans le plan, et l'autre qui aurait des prolongements hors du plan.

2º *L'intersection de deux plans est une ligne droite ;* car en réunissant deux points de l'intersection par une droite, cette droite se trouvant à la fois dans les deux plans, doit se confondre avec l'intersection.

3º *Par une même droite, on peut faire passer une infinité d: plans.* Il est d'abord évident qu'on peut en faire passer un.

Si on fait tourner ce plan autour de la droite, il prendra une infinité de positions différentes qui déterminent ainsi une infinité de plans.

4° *Trois points non en ligne droite déterminent un plan et un seul.*

Autour de la droite qui joint deux de ces points, on peut faire tourner un plan qui passera évidemment par le troisième. Mais si l'on continue de le faire tourner, il quittera ce point. Donc, par les trois points, on peut faire passer un plan et un seul.

5° *Deux droites qui se coupent déterminent la position d'un seul plan* ; car, l'intersection et un point quelconque de chaque ligne déterminant la position d'un seul plan, les deux droites sont dans le plan, puisqu'elles y ont deux points.

6° *Deux droites parallèles déterminent un seul plan.* On sait qu'elles sont dans un même plan, et on ne peut supposer que deux plans différents contiennent ces droites, puisque chacun d'eux devrait passer par deux points de l'une et par un point de l'autre, c'est-à-dire par trois points non en ligne droite.

ARTICLE. 1er — *Droite et Plan concourants.*

§ 1. — Considérés par rapport aux angles formés.

83. TH. — *Si une droite est perpendiculaire à deux autres qui se croisent à son pied dans un plan, elle sera perpendiculaire à tout autre menée par son pied dans le même plan, et sera ainsi perpendiculaire au plan.*

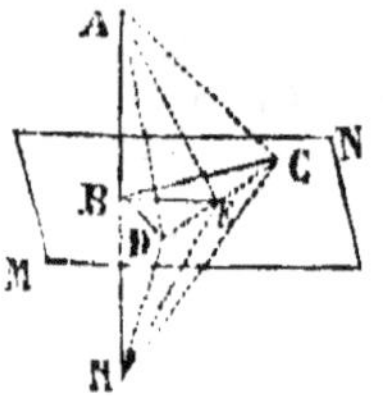

Soit AB perpendiculaire aux droites BD et BC, qui passent par son pied B dans le plan MN. Je dis qu'elle sera perpendiculaire à une droite quelconque BE, passant par son pied B, dans le même plan MN.

Tirons une droite quelconque DC qui coupe en un point E la ligne BE ; prolongeons AB au-dessous du plan d'une longueur BH=AB, et joignons AD, AC, AE, HD, HC, HE.

Les lignes BD et BC étant perpendiculaires au milieu de AH, on a : AD=HD, AC=HC (11). Les deux triangles ADC, HDC, formés par ces lignes respectivement égales et par le côté commun DC, sont donc égaux (19) ; et si autour de DC on replie le triangle inférieur sur le triangle supérieur, ils se recouvriront, et le point H tombera en A ; mais le point E n'a pas changé de place dans cette opération. Donc, AE=HE. Il résulte de là que le point E est sur une perpendiculaire élevée au milieu B de AH (11). Donc, BE est cette perpendiculaire, ou bien AB est perpendiculaire sur BE.

84. Th. — *Par un point donné, on peut toujours mener une droite perpendiculaire à un plan et une seule.*

1er *Cas.* — Supposons le A donné sur le plan.

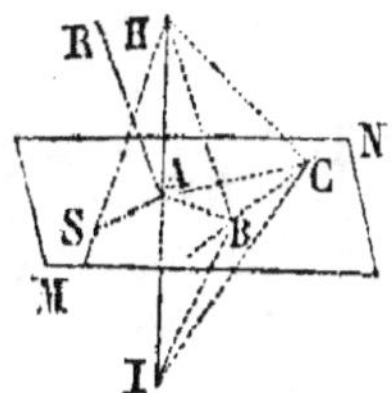

1° Traçons dans le plan donné une droite quelconque BC qui ne passe pas par le point A ; du point A, abaissons AB perpendiculaire sur cette ligne. Suivant BC, concevons un plan dans lequel nous élèverons au point B une perpendiculaire BH à BC ; enfin, dans le plan conduit suivant AB et BH, élevons au point A, AH perpendiculaire à AB ; AH sera la perpendiculaire demandée.

En effet, cette ligne déjà perpendiculaire à la droite AB, qui passe par son pied dans le plan, sera perpendiculaire à toute autre droite AC ; car, si l'on prolonge AH au-dessous du plan d'une longueur AI=AH, et qu'on tire BI, CH, CI, puisque BC est perpendiculaire aux deux droites BH et AB, elle l'est à leur plan (83). Les deux triangles BCH, BCI sont donc rectangles en B ; ils ont de plus le côté BC commun et BH=BI (10, 2°). Donc, ils sont égaux, et HC=CI. Donc, CA est perpendiculaire sur le milieu de HI (11), ou HA est perpendiculaire sur CA.

2° De plus, on ne peut élever qu'une perpendiculaire ; car, si l'on pouvait en élever deux, AH, AR, ces droites seraient perpendiculaires en un même point et dans un même plan à la droite AS, intersection de leur plan et du plan donné, ce qui est impossible (1).

2e *Cas.* — 1° Soit le point H donné hors du plan MN.

Du point H, abaissons HB perpendiculaire sur une droite

quelconque BC tracée dans le plan MN. Dans ce même plan, élevons au point B, BA perpendiculaire à BC. Enfin, dans le plan conduit suivant HB et BA, abaissons du point H, HA perpendiculaire sur BA ; cette ligne sera la perpendiculaire demandée. On le démontre comme pour le premier cas.

2° On ne peut du point H abaisser plus d'une perpendiculaire au plan MN ; car si l'on pouvait en abaisser deux, HA et HS, elles devraient être perpendiculaires à la droite SA, ce qui ne se peut (2).

85. Th. — *Par un point donné, on peut mener : 1° un plan perpendiculaire à une droite, 2° un seul.*

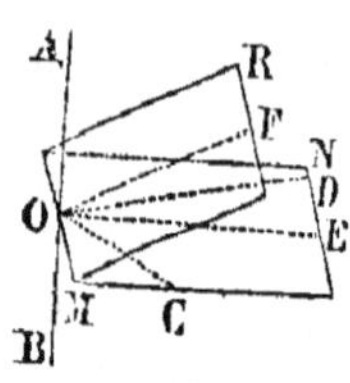

1er Cas. — Soit le point O donné sur la droite AB.

1° Concevons deux plans qui passent par la droite AB, et dans ces plans élevons au point O les perpendiculaires OC, OD. Le plan MN de ces deux droites sera perpendiculaire à AB (83).

2° Supposons qu'on pût en mener deux, MN et MR. Un plan conduit par AB coupera ces deux points suivant des droites OE et OF qui seraient perpendiculaires dans un plan à AB en un même point, ce qui est impossible (1).

2e Cas. — Soit le point O donné hors de la droite AB.

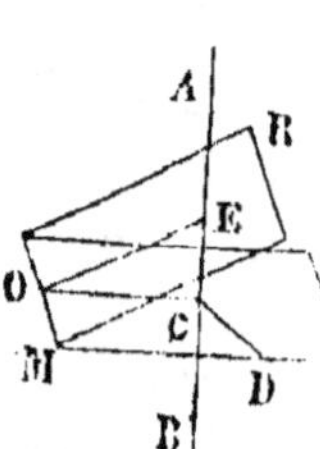

1° Abaissons OC perpendiculaire sur AB, et élevons en C une autre perpendiculaire CD à AB ; le plan conduit suivant OC et CD sera le plan demandé (83).

2° Si l'on pouvait mener deux plans perpendiculaires MN, MR, un plan conduit par le point O et la ligne AB couperait ces plans suivant des lignes OE et OC, qui devraient être perpendiculaires à AB, ce qui ne se peut (2).

CorolLAIRE. — Le lieu de toutes les perpendiculaires élevées en un même point d'une droite, est un plan perpendiculaire en ce point à cette ligne.

86. Th. — *Si du pied d'une perpendiculaire à un plan on abaisse une perpendiculaire à une droite quelconque tracée dans ce plan, et qu'on joigne le point d'intersection à un point de la perpendiculaire au plan, cette nouvelle ligne sera perpendiculaire à la droite tracée dans le plan.*

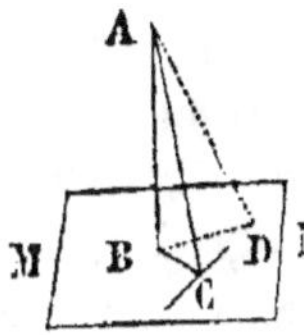

Soit AB la perpendiculaire au plan MN, CD une ligne quelconque tracée dans le plan, et BC la perpendiculaire à CD. Je dis que AC sera aussi perpendiculaire à CD. En effet, menons une oblique BD, et tirons AD. Le triangle rectangle ABC donne :

$$\overline{AC}^2 = \overline{AB}^2 + \overline{BC}^2.$$

De même le triangle rectangle ABD donne :

$$\overline{AB}^2 = \overline{AD}^2 - \overline{BD}^2 ;$$

et le triangle BCD donne :

$$\overline{BC}^2 = \overline{BD}^2 - \overline{CD}^2.$$

Remplaçant dans la première égalité $\overline{AB}^2$ et $\overline{BC}^2$ par leurs valeurs, il vient, toute réduction faite,

$$\overline{AC}^2 = \overline{AD}^2 - \overline{CD}^2.$$

Donc, le triangle ACD, dont les côtés entrent dans cette dernière égalité, est rectangle en C (75, coroll. 1), ou bien AC est perpendiculaire sur CD.

Corollaire. — Donc, CD est perpendiculaire au plan qui contient les deux droites BC, AC (83).

87. Th. — *Si une ligne est perpendiculaire à un plan, toute parallèle sera perpendiculaire au même plan et réciproquement.*

Soit AB perpendiculaire au plan MN et CD sa parallèle.

Par les parallèles AB, CD, concevons un plan dont l'intersection avec le plan MN sera BD ; tirons AD, et dans le plan MN menons la droite DE perpendiculaire à BD ; elle le sera à AD (86), et par suite au plan des parallèles (83). L'angle CDE est donc droit ; d'ailleurs, l'angle CDB est droit aussi (14, coroll.) Donc, CD est perpendiculaire au plan MN (83).

Réciproquement, si AB et CD sont perpendiculaires au plan MN, ces lignes sont parallèles. Tirons AD, BD, et élevons dans le plan MN, ED perpendiculaire à BD.

Les trois droites BD, AD, CD étant perpendiculaires à ED, sont dans un même plan (85, cor.) La ligne AB s'y trouve aussi, puisqu'elle a deux points A et B dans ce plan. Donc, AB et CD perpendiculaires dans un même plan à BD sont parallèles.

Nota. On appelle *projection* d'une oblique sur un plan, la portion de droite qui joint le pied de cette oblique au pied de la perpendiculaire abaissée d'un point de l'oblique sur le plan.

★ 88. Th. — *Le plus petit angle qu'une oblique à un plan puisse faire avec une droite menée par son pied dans ce plan, est celui qu'elle fait avec sa projection.*

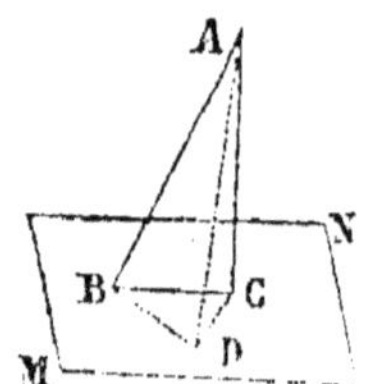

Soit AB oblique au plan MN, AC la perpendiculaire et BC la projection de AB.

Traçons dans le plan une droite quelconque qui passe par le point B ; prenons sur cette ligne une longueur BD=BC ; tirons AD, DC. Je dis qu'on a l'angle ABC < ABD.

En effet, les deux triangles ABD, ABC ont le côté AB commun et BC=BD par construction ; de plus, le troisième côté AC du premier est plus petit que le troisième côté AD du second, puisque le triangle rectangle ABC donne AC<AD (25). Donc, l'angle ABC opposé à AC est moindre que l'angle ABD opposé à AD (26).

Scholie. — L'angle dont il vient d'être question est appelé *angle de l'oblique avec le plan.*

§ 2. Droites et Plan concourants, considérés par rapport aux longueurs et aux distances qu'ils déterminent.

89. Th. — *Si d'un point pris hors d'un plan on mène à ce plan une perpendiculaire et différentes obliques :*

1° *La perpendiculaire est plus courte que toute oblique ;*
2° *Les obliques dont les pieds sont également éloignés de la perpendiculaire sont égales ;*

3° *De deux obliques, celle dont le pied est le plus éloigné du pied de la perpendiculaire est la plus longue.*

Les réciproques du 2° et 3° sont vraies.

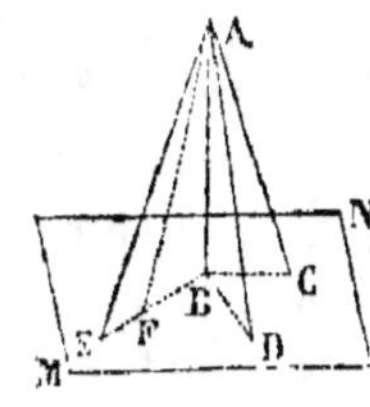

Soit AB la perpendiculaire, et AC, AD, AE des obliques.

1° Les triangles rectangles ABC, ABD, etc., donnent AB$<$AC, AB$<$AD, etc. (25).

2° Soit BC$=$BD. Les triangles rectangles ABC, ABD sont égaux (17). Donc, AC$=$AD.

3° Soit BE$>$BD. Prenons BF$=$BD, et tirons AF.

D'après 2°, on a AF$=$AD. Or, AE, AF, AB étant dans le même plan, on a : AE$>$AF (10); ce qui donne, enfin : AE$>$AD.

Les réciproques se démontreraient comme dans le th. 10.

COROLLAIRE 1. — La vraie distance d'un point à un plan est la perpendiculaire abaissée de ce point sur le plan.

COROLLAIRE 2. — Le lieu des pieds des obliques égales est une circonférence dont le pied de la perpendiculaire est le centre.

SCHOLIE. — Le corollaire précédent fournit un moyen d'abaisser d'un point extérieur une perpendiculaire à un plan : il suffit de prendre une droite rigide suffisamment longue, dont l'extrémité soit fixée au point donné, et de tracer sur le plan un arc avec l'autre extrémité. Le centre de cet arc est le pied de la perpendiculaire.

* 90. TH. — *Lorsqu'un plan est perpendiculaire sur le milieu d'une droite, chaque point de ce plan est également distant des extrémités de la droite, et tout point pris en dehors en est inégalement éloigné.*

Ce théorème se démontre comme le théorème 11, si l'on observe que le point et la ligne donnés déterminent un plan dont l'intersection avec le plan donné est perpendiculaire au milieu de la droite.

Article 2. — *Droites et Plan parallèles.*

§ 1. — Droites parallèles dans l'espace.

91. Th. — *Par un point, on ne peut mener dans l'espace qu'une parallèle à une droite donnée.*

En effet, les plans déterminés par les parallèles et la droite devraient tous passer par cette droite et par le point donné. Or, par une droite et par un point, il ne peut passer qu'un plan. Donc, toutes les parallèles seraient menées d'un même point dans un même plan avec la droite, ce qui ne se peut (13).

92. Th. —*Si plusieurs droites sont parallèles à une même droite, elles sont parallèles entr'elles.*

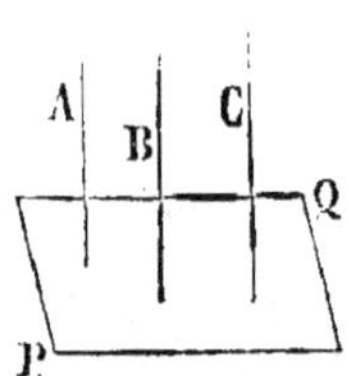

Soient les droites A, B, parallèles à C. Menons un plan PQ, perpendiculaire à C. Les lignes A, B seront perpendiculaires au même plan (87) ; donc, elles seront parallèles entr'elles.

Scholie. — Les parallèles dont il s'agit ne sont pas dans un même plan.

93. Th. — *Deux angles qui ont les côtés parallèles sont égaux ou supplémentaires.*

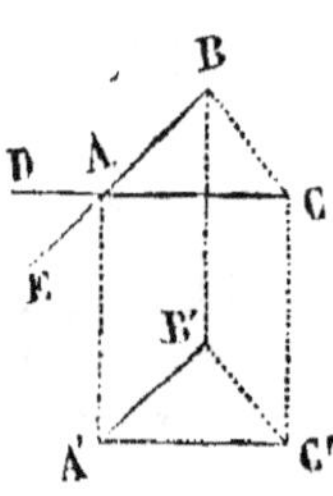

1° Soient les angles BAC , B'A'C'. Prenons A'B'—AB, A'C'—AC; tirons BC, B'C', AA',BB', CC'. Puisque AB est égale et parallèle à A'B', la figure ABB'A' est un parallélogramme (27); de même, ACC'A' est un parallélogramme. Or, BB' et CC' étant ainsi égales et parallèles à AA', sont égales et parallèles entr'elles (92). Donc, la figure BB'CC' est un parallélogramme, et BC—B'C'. Les triangles ABC, A'B'C' sont donc égaux comme ayant les trois côtés respectivement égaux. Donc, l'angle BAC—B'A'C'.

2° L'angle DAB, supplément de BAC, est donc le supplément de B'A'C'.

3° L'angle DAE égal à BAC comme opposé par le sommet, est donc égal à B'A'C'.

4° Enfin, l'angle EAC, supplément de BAC, est aussi le supplément de B'A'C'.

SCHOLIE. — Les angles égaux ont leurs côtés parallèles dirigés dans le même sens ou dans un sens contraire, et les angles supplémentaires les ont dirigés l'un dans le même sens, l'autre en sens contraire.

§ 2. — Droite et Plan parallèles.

CONDITIONS DE PARALLÉLISME.

94. Th. — *Pour qu'une droite soit parallèle à un plan, il faut et il suffit qu'elle soit parallèle à une droite située dans ce plan.*

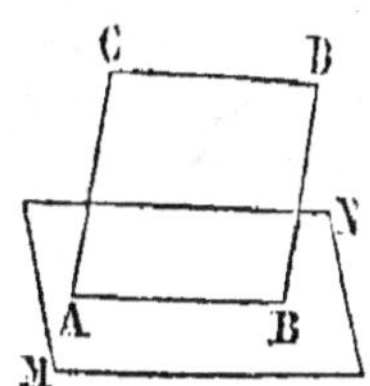

Soit la droite CD et le plan MN.

1° Si l'on conduit suivant CD un plan qui coupe le plan MN, il faut que CD ne rencontre pas l'intersection AB ; autrement, elle rencontrerait le plan MN. Donc, CD doit être parallèle à AB.

2° Il suffit que CD soit parallèle à AB, pour qu'elle soit parallèle au plan MN. En effet, les droites CD et AB déterminant un plan, CD ne peut rencontrer le plan MN qu'en un des points de l'intersection AB. Or, CD est parallèle à AB par hypothèse. Donc, cette droite ne saurait rencontrer le plan où elle lui est parallèle.

SCHOLIE. — La première partie du théorème montre que l'intersection de deux plans, dont l'un contient une droite parallèle à l'autre, est parallèle à cette droite.

COROLLAIRE 1. — On peut mener dans un plan une infinité de parallèles à une droite parallèle à ce plan, puisque, par cette droite, on peut mener une infinité de plans qui couperont le plan donné suivant des parallèles.

COROLLAIRE 2. — Si par un point quelconque du plan MN, on mène une parallèle à CD, cette parallèle sera dans le plan MN; car autrement, un plan conduit par CD et le point donné devant couper le plan MN suivant une parallèle à CD, on pourrait mener par un même point deux parallèles à une droite (91).

PROPRIÉTÉS DES PARALLÈLES A UN PLAN.

95. Th. — *Les parallèles comprises entre une droite et un plan parallèle sont égales.*

(Même figure). Soient CD parallèle au plan MN, et CA, DB, deux parallèles comprises entre CD et le plan MN.

Le plan des parallèles CA, DB, contenant la droite CD, coupera le plan MN suivant AB parallèle à CD (94, scho.) Donc, la figure ABDC est un parallélogramme, et CA=DB (27).

Corollaire. — Si les parallèles AC, BD sont perpendiculaires au plan MN, elles mesurent la distance de la droite CD au plan MN. Puisque ces perpendiculaires sont égales, d'après le théorème ci-dessus, il en résulte que *toute droite parallèle à un plan est partout à égale distance de ce plan.*

CHAPITRE DEUXIÈME.

PLANS.

Définitions.—On appelle *angle dièdre* ou simplement *dièdre*, la figure formée par deux plans qui se coupent et se terminent d'un côté à leur intersection.

L'*arête* d'un angle dièdre est l'intersection des deux plans. Les *faces* de l'angle dièdre sont les plans qui le forment.

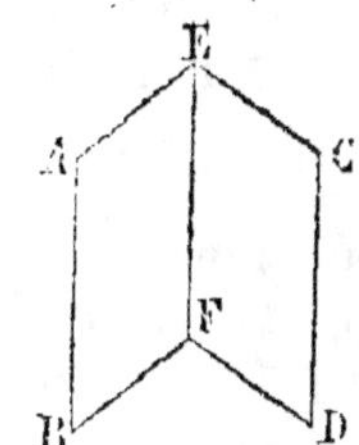

L'angle dièdre se désigne par les lettres EF de l'arête, ou par les quatre lettres BFED de ses faces, en mettant au milieu celle de l'arête.

L'angle rectiligne correspondant à l'angle dièdre est l'angle BFD, formé par les perpendiculaires BF, DF, menées dans les deux faces en un même point de l'intersection.

Deux angles dièdres sont *adjacents* lorsque, ayant la même arête et une face commune, ils sont extérieurs l'un à l'autre.

Un plan est perpendiculaire à un autre, quand il forme avec celui-ci deux angles dièdres adjacents égaux ; ces angles sont droits.

L'angle dièdre est *obtus* ou *aigu,* suivant qu'il est plus grand ou plus petit que l'angle dièdre droit.

Deux plans sont *parallèles,* quand ils ne peuvent se rencontrer, quelle que soit leur étendue.

On appelle *angle polyèdre* ou *angle solide,* la figure formée par plusieurs plans qui se coupent en un même point.

Les *arêtes* de l'angle polyèdre sont les intersections des plans.

Le *sommet* est le point commun à tous ces plans, ou le point de concours des arêtes.

Un *angle trièdre* ou un *trièdre* est un angle polyèdre formé par trois plans.

ARTICLE 1er — *Plans concourants.*

96. TH. — *Deux dièdres sont égaux quand leurs angles rectilignes sont égaux, et réciproquement.*

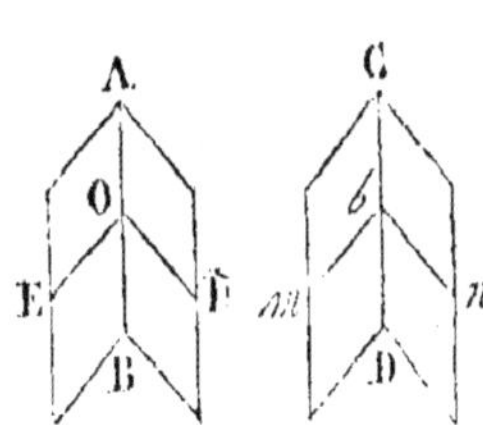

Soient les dièdres AB, CD, et l'angle EOF—*mbn.* Superposons l'angle *mbn* avec EOF, les droites AB, CD coïncideront, parce qu'elles sont perpendiculaires en un même point au plan des angles rectilignes. Donc, les faces dièdres coïncideront, et les dièdres seront égaux.

Réciproquement, superposons les dièdres de manière que le point b tombe en O. L'angle droit Cbm coïncidera avec AOE, et Cbn avec AOF. Donc, l'angle $mbn =$ EOF.

Scholie. — L'angle rectiligne est le même en quelque point de l'intersection qu'il ait son sommet, parce qu'il est partout formé par des lignes perpendiculaires dans un plan à une même droite, et conséquemment parallèles (93).

97. Th. — *Deux angles dièdres sont entr'eux comme leurs angles rectilignes.*

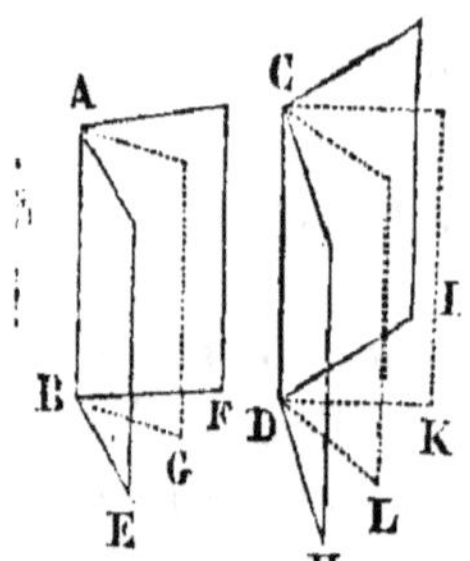

Supposons que les angles rectilignes EBF, HDI soient commensurables entr'eux; par exemple, qu'on ait la proportion EBF : HDI :: 2 : 3. L'angle EBF pourra se diviser en deux angles égaux EBG, GBF, et l'angle HDI en trois angles HDL, LDK, KDI égaux entr'eux, et à l'angle EBG. Par la droite BG et l'arête AB, menons un plan; faisons de même par chacune des droites DL, DK et l'arête CD. Le dièdre EBAF sera décomposé en deux dièdres égaux comme ayant des angles rectilignes égaux (96); de même, le dièdre HDCI sera décomposé en trois parties égales entr'elles, et à celles de EBAF. Donc, EBAF : HDCI :: 2 : 3, ou :: EBF : HDI.

Si les angles rectilignes étaient incommensurables, on pourrait supposer le premier divisé en un nombre d'angles égaux tellement petits, que l'un de ces angles, porté un nombre indéfini de fois dans l'autre angle rectiligne, laissât un reste moindre que toute quantité donnée, et susceptible par suite d'être négligé. L'on tomberait ainsi dans le premier cas.

Corollaire 1. — L'angle rectiligne peut donc être pris pour la mesure du dièdre.

Corollaire 2. — Puisque l'angle rectiligne est la mesure de l'angle dièdre, on peut appliquer aux angles dièdres tout ce qui a été dit dans les nos 3, 4, 6, 7.

98. Th. — *Un plan est perpendiculaire à un autre, quand il est conduit suivant une perpendiculaire à ce plan.*

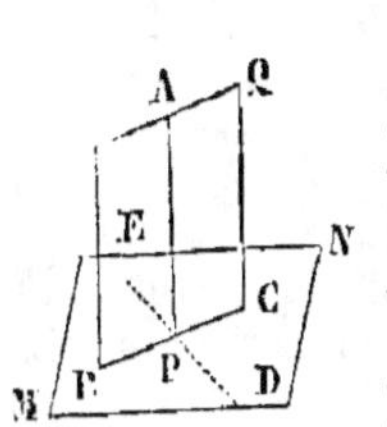

Soit AP perpendiculaire au plan MN, BQ un plan conduit suivant cette ligne, et BC l'intersection des deux plans. Menons dans le plan MN la ligne ED perpendiculaire à BC en P.

L'angle APD étant droit, ainsi que EPA, puisque AP est perpendiculaire au plan MN, il en résulte que le plan BQ formera avec le plan MN deux dièdres adjacents égaux, ou qu'il lui sera perpendiculaire.

Scholie. — Lorsque trois droites, telles que AP, BP, PD sont perpendiculaires entr'elles, chacune est perpendiculaire au plan des deux autres, et les trois plans sont perpendiculaires entr'eux.

99. Th. — *Si un plan est perpendiculaire à un autre, et que dans le premier plan on mène une perpendiculaire à l'intersection commune, cette ligne sera perpendiculaire au second plan.*

(Même figure). Soit le plan BQ perpendiculaire au plan MN, et AP une perpendiculaire à BC, menée dans le plan BQ. Tirons dans le plan MN, PD perpendiculaire à BC.

L'angle rectiligne APD étant droit, il en résulte que AP est perpendiculaire aux deux droites PD, PB, et par suite au plan MN.

Corollaire 1. — Le plan BQ est le lieu de toutes les perpendiculaires au plan MN menées sur la droite BC ; car autrement, par chaque point de l'intersection, on pourrait élever deux perpendiculaires au plan MN, l'une dans le plan BQ et l'autre en dehors.

Corollaire 2. — Par une ligne tracée sur un plan, on ne peut lui élever qu'un plan perpendiculaire.

100. Th. — *L'intersection de deux plans perpendiculaires à un autre est perpendiculaire à ce plan.*

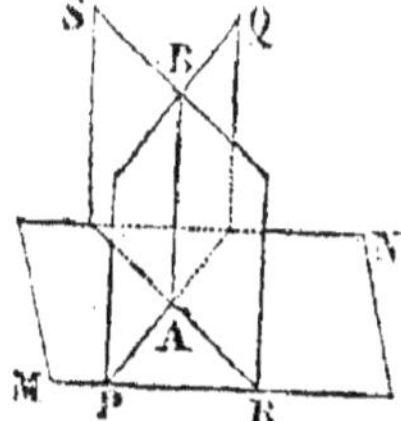

Soient les plans PQ, RS, perpendiculaires au plan MN.

Si par le point A on élève une perpendiculaire au plan MN, elle devra se trouver à la fois dans les deux plans PQ et RS ; donc, elle est leur intersection AB.

ARTICLE 2. — *Plans Parallèles.*

§ 1.—Cas de Parallélisme.

101. Th. — *Deux plans perpendiculaires à une même droite sont parallèles.*

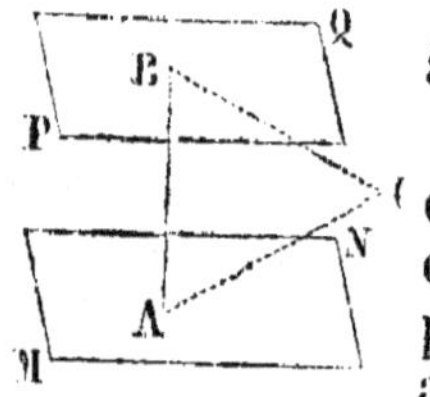

Soient les plans MN, PQ, perpendiculaires à AB.

S'ils se rencontraient en un point O, les droites OA, OB, menées dans chaque plan du point de rencontre au pied de la perpendiculaire, seraient deux perpendiculaires abaissées d'un point sur une même droite AB, ce qui est impossible (2). Donc, ces plans sont parallèles.

102. Th. — *Si deux droites qui se coupent sont parallèles à deux autres droites qui se coupent, le plan déterminé par les deux premières est parallèle à celui que déterminent les deux autres.*

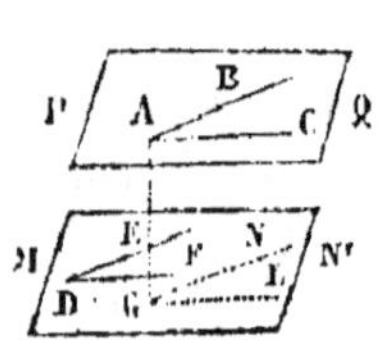

Soient les droites AB, AC, parallèles respectivement aux droites DE, DF. Abaissons du point A une perpendiculaire AG au plan MN, et tirons dans ce plan GN parallèle à DE, GL parallèle à DF. La droite AG sera perpendiculaire à GN et à GL. Mais AC est parallèle à GL (92). Donc, AG est perpendiculaire à AC. Par une semblable raison, AG est perpendiculaire à AB. Donc, AG est perpendiculaire au plan PQ (83) ;

donc, les plans MN, PQ, perpendiculaires à une même droite, sont parallèles.

§ 2. — Propriétés des Plans parallèles.

103. Th. — *Les intersections de deux plans parallèles par un troisième plan sont parallèles.*

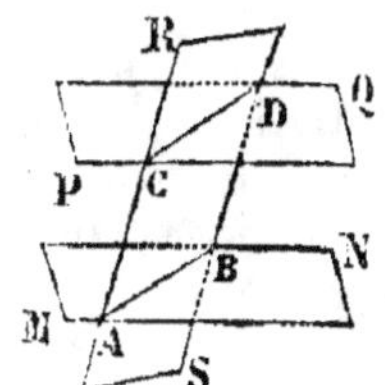

Soient AB, CD, les intersections des plans parallèles MN, PQ, par le plan RS.

Si les droites AB, CD, situées dans un même plan n'étaient pas parallèles, elles se rencontreraient. Donc, les plans devraient se rencontrer, ce qui est contre l'hypothèse.

104. Th. — *Par un point donné, on ne peut mener qu'un plan parallèle à un autre.*

Soient le point A et le plan MN.

Si l'on pouvait mener par le point A deux plans parallèles PQ, PR, les intersections de ces plans, et d'un plan quelconque mené par le point A, devant être parallèles (103), il en résulterait que du point A on pourrait mener deux droites AB, AC parallèles à DE, ce qui est impossible (91).

105. Th. — *Si deux plans sont parallèles, toute perpendiculaire à un plan sera perpendiculaire à l'autre.*

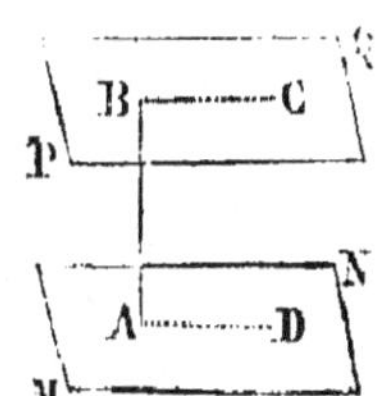

Soient les plans parallèles MN, PQ, et la droite BA perpendiculaire au plan MN.

Tirons dans le plan MN une droite quelconque AD, et conduisons un plan suivant AB et AD. L'intersection BC sera parallèle à AD (103), et par suite perpendiculaire à BA (12). On prouverait de même que toute

autre droite passant par le point B dans le plan PQ est perpendiculaire à BA. Donc, enfin, BA est perpendiculaire à ce plan.

COROLLAIRE. — Tout plan perpendiculaire à un autre plan est perpendiculaire aux plans parallèles, puisqu'il peut être considéré comme conduit par une ligne perpendiculaire à ces plans.

106. TH. — *Deux plans parallèles à un troisième sont parallèles entr'eux.*

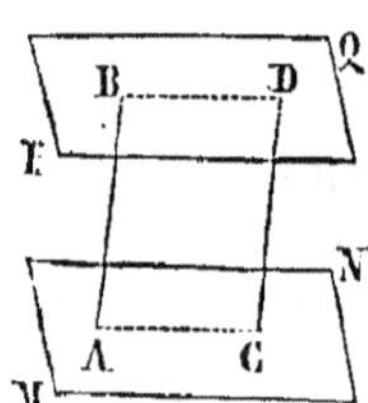

Soient les plans R, Q, parallèles au plan P. Élevons une perpendiculaire AC à ce dernier plan; elle sera perpendiculaire aux plans R, Q, ou ceux-ci lui seront perpendiculaires (105). Donc, ces plans sont parallèles (101).

§ 3. — Droites comprises entre des Plans parallèles.

107. TH. — *Les parallèles comprises entre des plans parallèles sont égales.*

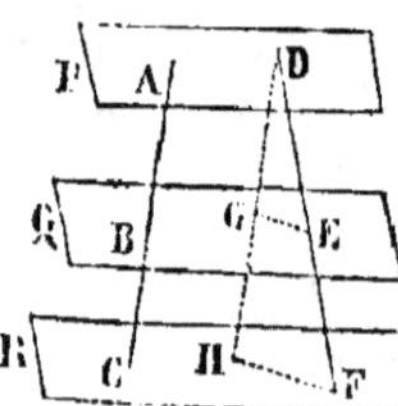

Soient les parallèles AB, CD, comprises entre les plans parallèles MN, PQ. Tirons AC, BD, intersections des plans donnés par le plan conduit suivant AB, CD. La figure ABDC est un parallélogramme. Donc, AB=CD.

COROLLAIRE. — Dans le cas où les parallèles sont perpendiculaires aux plans, elles mesurent leur distance ; et comme elles sont égales, il en résulte *que des plans parallèles sont partout également distants.*

108. TH. — *Deux droites quelconques comprises entre trois plans parallèles sont coupées en parties proportionnelles.*

Soient les droites AC, DF comprises entre les plans parallèles P, Q, R. Tirons DH, parallèle à AC, et conduisons un plan suivant DH, DF; les intersections avec les plans Q et R seront GE, HF. Or, GE étant parallèle à HF (103), le triangle DHF donne la proportion:

$$DG : GH :: DE : EF.$$

Mais, DG=AB (107), et GH =BC. En substituant, on a enfin :

$$AB : BC :: DE : EF.$$

ARTICLE 3. — *Angles Trièdres.*

* 109. Th. — *Dans tout trièdre, un angle plan est moindre que la somme des deux autres.*

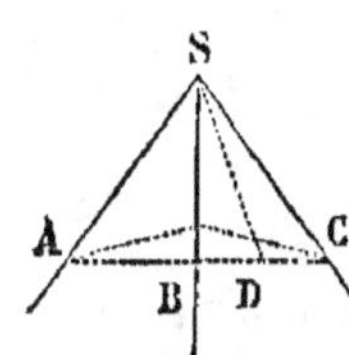

La proposition n'a besoin d'être démontrée que pour un angle plan plus grand que chacun des deux autres.

Soit l'angle trièdre S et l'angle plan ASC plus grand que ASB et BSC, faisons dans l'angle plan ASC un angle ASD=ASB, tirons une sécante AC, prenons SB=SD et menons AB, BC.

Le triangle ASD=ASB ; car l'angle ASD=ASB, le côté SD =SB et SA est commun. Donc, AD=AB. Mais on a : AD+DC <AB+BC ; d'où, en retranchant d'une part AD, et de l'autre son égal AB, il vient DC<BC. Donc, l'angle DSC est moindre que BSC (26) ; donc, enfin, la somme des angles ASD+DSC, ou l'angle ASC, est moindre que ASB+BSC.

* 110. Th. — *Si deux trièdres sont formés par trois angles plans égaux chacun à chacun et semblablement placés, les angles dièdres compris entre leurs plans seront égaux, et par suite les trièdres sont aussi égaux.*

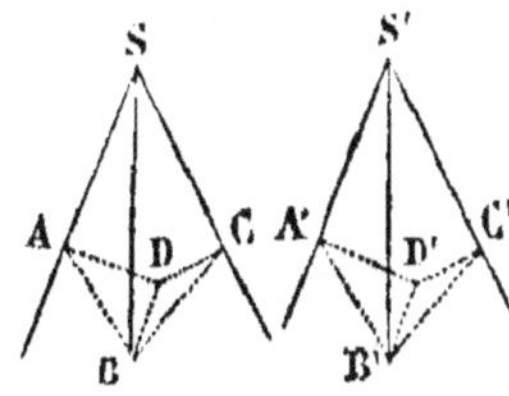

Soient les trièdres S, S'. Nous allons prouver que l'angle dièdre SA =S'A', et que SC=S'C'. D'un point quelconque B, pris sur l'arête SB, abaissons BD perpendiculaire sur le plan ASC ; menons encore DA et DC respectivement perpendiculaires sur SA et SC, tirons BA et BC. Ces deux dernières droites seront perpendiculaires, l'une à SA et l'autre à SC (86), et par suite les angles BAD, BCD seront la mesure des dièdres SA, SC ; prenons S'B'=SB, et faisons les mêmes constructions que dans le premier trièdre ; les angles B'A'D', B'C'D' seront la mesure des dièdres S'A', S'C'.

Les triangles rectangles SAB, S'A'B' sont égaux comme ayant l'hypothénuse égale et un angle égal ; il en est de même des triangles SBC, S'B'C'. Donc, AB=A'B', BC=B'C', SA=S'A', SC=S'C'. Si l'on porte l'angle plan A'S'C' sur ASC, la perpendiculaire A'D' prendra la direction de AD, et la perpendiculaire D'C' celle de DC ; le point d'intersection B' coïncidera par suite avec B, et l'on aura encore AD=A'D', DC=D'C'. Donc, les triangles rectangles ABD, A'B'D' sont égaux comme ayant l'hypothénuse égale et un côté égal. Il en est de même des triangles rectangles BDC, B'D'C'. Donc, l'angle rectiligne BAD=B'A'D' et BCD=B'C'D' ; donc, enfin, les dièdres SA, S'A', et SC, S'C', sont égaux.

On prouverait de la même manière que le dièdre SB=S'B'.

SCHOLIE. — Si les perpendiculaires BD, B'D' tombent en dehors des dièdres SC, S'C', notre démonstration prouve l'égalité de leurs suppléments, et par suite celle de ces angles ; elle est donc générale.

*111. TH. — *La somme des angles plans qui forment un angle polyèdre est toujours moindre que quatre angles droits.*

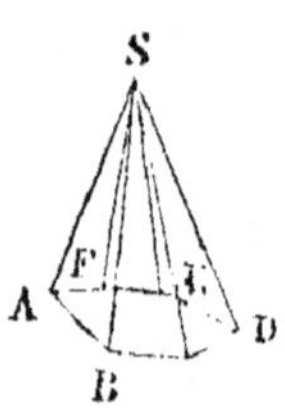

Soit un angle polyèdre S ; coupons-le par un plan qui détermine un polygone ABCD, etc., de n côtes. D'après le théorème 109, on a pour l'angle B : ABC<ABS+SBC. Il en est de même des autres angles trièdres C, D, etc. Cela posé, représentons par S la somme des angles plans qui forment l'angle polyèdre, par b la somme des angles, tels que SAB, SBC, etc., et par p la somme des angles du polygone.

Les n triangles SBC, etc., donnent :

$$S+b=2\,n \text{ angles droits, d'où } b=2\,n-S.$$

Dans le polygone, on trouve :

$$p=2\,n-4 \text{ angles droits.}$$

Or, on a : $p<b$, ou $2\,n-4<2\,n-S$.

Supprimant $2\,n$ et transposant, il vient :

$$S<4,$$

ce qu'il fallait démontrer.

CHAPITRE TROISIÈME.

—

SOLIDES.

DÉFINITIONS. — Un *solide polyèdre* ou un *polyèdre* est un solide terminé par des plans. On donne le nom de *faces* aux figures que forme chaque plan. Les solides qui ont quatre, six, huit, douze, vingt faces s'appellent *tétraèdre, hexaèdre, octaèdre, dodécaèdre, icosaèdre.*

Les polyèdres sont *réguliers* quand ils ont les faces égales et les angles solides égaux.

Une *diagonale* d'un polyèdre est une droite qui joint les sommets de deux angles polyèdres non adjacents.

Les polyèdres, que nous considérerons, sont tels que le plan prolongé d'une face quelconque laisse tout le solide d'un même côté. Ces polyèdres sont dits *convexes.*

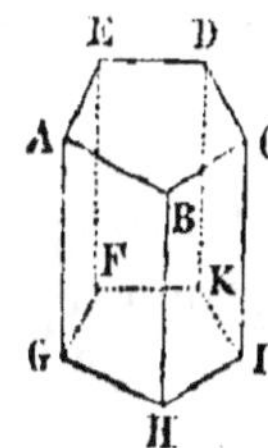

Un *prisme* est un solide compris sous plusieurs plans parallélogrammes, terminés de part et d'autre par deux plans polygones égaux et parallèles qu'on appelle les *bases.* La perpendiculaire menée entre les bases est la *hauteur* du prisme. La somme des faces, moins les bases, en est la surface convexe.

Un prisme est *droit* lorsque les arêtes des faces latérales sont perpendiculaires sur les bases. Dans les autres cas, le prisme est *oblique.*

Un prisme est *triangulaire, quadrangulaire, pentagonal,* etc., suivant que la base est un triangle, un quadrilatère, un pentagone, etc.

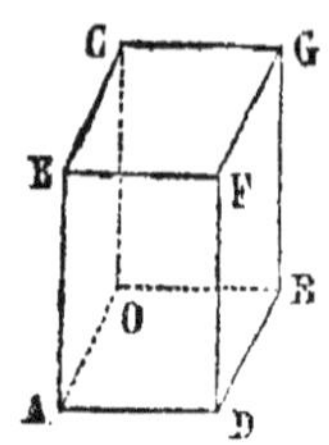

Un *parallélipipède* est un prisme dont la base est un parallélogramme.

Un *parallélipipède rectangle* est un parallélipipède droit dont la base est un rectangle.

Un *cube* est un parallélipipède droit dont toutes les faces sont des carrés. C'est le cube qui sert de mesure dans les solides.

Toute section faite dans un prisme par un plan perpendiculaire aux arêtes latérales, est appelée *section droite*.

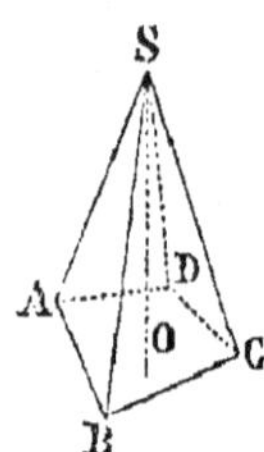

Une *pyramide* est un solide formé en joignant un même point à tous les sommets d'un polygone plan.

Le polygone plan ABCD s'appelle la *base*, le point S le *sommet*, et la perpendiculaire SO, abaissée du point S sur la base, est la *hauteur* de la pyramide.

La pyramide est *triangulaire*, *quadrangulaire*, etc., suivant le nombre des côtés de la base, ou des faces latérales dont la somme est la *surface convexe* de la pyramide.

La pyramide est *régulière* lorsque la base est un polygone régulier, et que la *perpendiculaire* abaissée du sommet sur le plan de la base tombe au centre de la base.

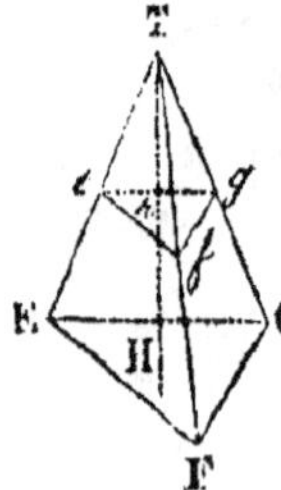

Un *tronc de pyramide* est la partie de ce solide comprise entre la base et un plan qui coupe toutes les arêtes. Nous supposerons ce plan parallèle à la base.

Un *tronc de prisme* est la portion de ce solide comprise entre la base et un plan qui coupe les arêtes.

Les *corps ronds*, dont nous nous occuperons, sont : le *cylindre droit*, le *cône droit*, le *tronc de cône droit* et la *sphère*.

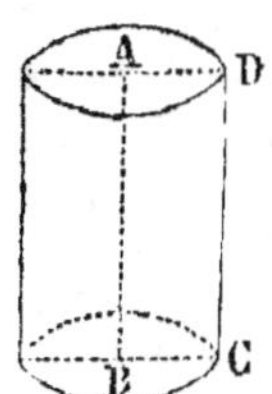

Le *cylindre droit* est le solide engendré par la révolution d'un rectangle autour d'un de ses côtés AB pris pour axe. Le côté qui engendre la surface s'appelle *génératrice* ou *arête*.

Les côtés perpendiculaires à l'axe engendrent les *bases*, qui sont évidemment des cercles parallèles.

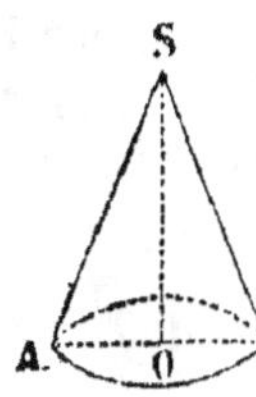

Le *cône droit* est le solide engendré par la révolution d'un triangle rectangle autour d'un des côtés de l'angle droit pris pour axe. L'hypothénuse est appelée *génératrice*, *arête* ou *côté du cône*. L'autre côté de l'angle droit engendre la *base*, qui est évidemment un cercle perpendiculaire à l'axe.

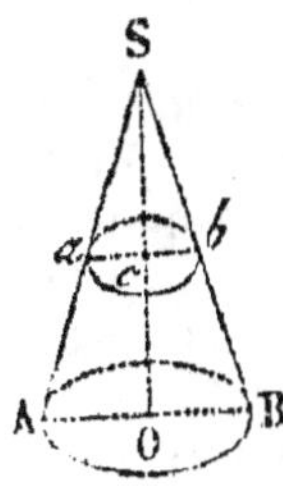

Le *tronc de cône droit*, dont il sera question, est la portion de ce solide comprise entre la base et un plan parallèle à cette base.

Dans le cylindre et le cône, les sections planes perpendiculaires à l'axe sont les *sections droites*.

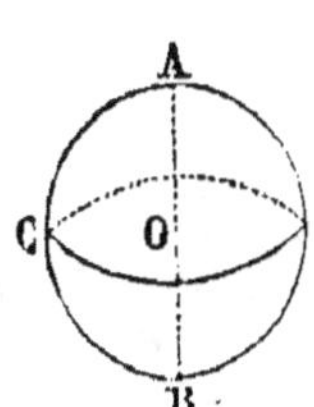

La *sphère* est le *solide* engendré par la révolution d'un demi-cercle autour de son diamètre AB, dont le milieu O est le *centre* de la sphère, et se trouve évidemment à égaledistance de tous les points de la surface.

Le *rayon* de la sphère est la droite menée du centre à un point quelconque de la surface.

Tous les rayons sont égaux, d'après ce qui vient d'être dit.

Un plan est *tangent* à une sphère quand il ne la touche qu'en un point.

ARTICLE 1er — *Solides et Plans.*

§ 1. — **Polyèdres.**

112. Th. — *Les faces opposées d'un parallélipipède sont égales et parallèles.*

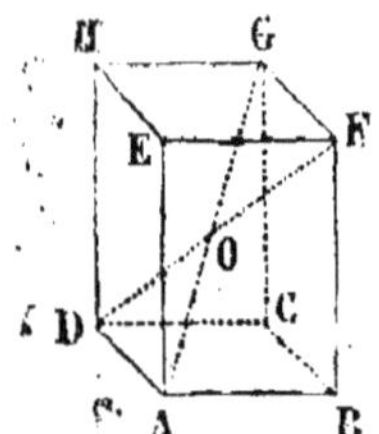

Soient les faces ADHE, BCGF.

Puisque la figure ABCD est un parallélogramme, AD est égale et parallèle à BC. Par une raison semblable, AE est égale et parallèle à BF. Donc, l'angle DAE=CBF(93); donc, les faces ADHE, BCGF sont égales et parallèles.

Corollaire. — Une face quelconque d'un parallélipipède et son opposée peuvent être prises pour bases.

*** 113. Th.** — *Les diagonales d'un parallélipipède le coupent en parties égales.*

(Même figure). Soient les diagonales AG, FD. Conduisons un plan suivant les parallèles AD, FG ; les diagonales se trouvent dans ce plan, puisqu'elles y ont chacune deux points. Or, la section ADGF est un parallélogramme ; car FG est égale et parallèle à AD. Donc, les diagonales se couperont en parties égales (29).

Scholie. — L'intersection de toutes les diagonales se fera au point O , puisque l'une d'elles AG devra être coupée par toutes les autres en son milieu O.

114. Th. — *Dans tout prisme, les sections faites par des plans parallèles sont des polygones égaux.*

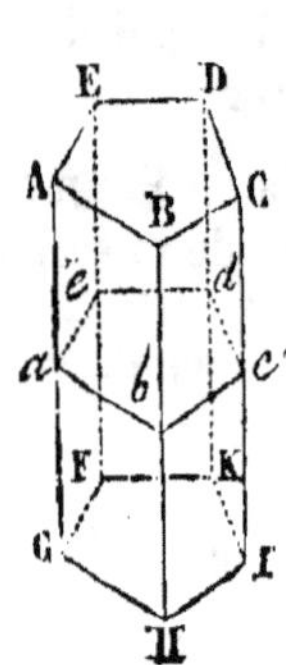

Soient deux sections ABCDE, abcde. Les angles ABC et abc , BCD et bcd, etc., ayant leurs côtés parallèles chacun à chacun et dirigés dans le même sens, sont respectivement égaux (93) ; de plus, les côtés AB et ab, BC et bc, etc., sont égaux comme opposés dans des parallélogrammes (27). Donc, les polygones sont égaux.

Scholie. — Si les sections sont parallèles à la base, elles lui sont égales.

115. Th. — *Dans toute pyramide, les sections faites par des plans parallèles sont des polygones semblables.*

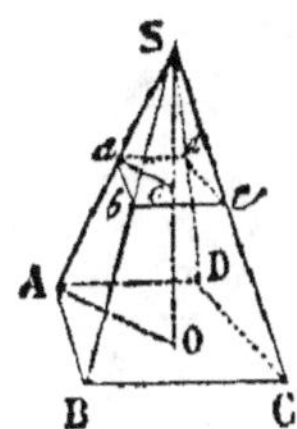

Soient les deux sections ABCD, *abcd*.

Les angles ABC et *abc*, BCD et *bcd*, etc., sont égaux comme ayant leurs côtés parallèles et dirigés dans le même sens (93) ; de plus, les intersections AB et *ab*, BC et *bc*, etc., étant parallèles (103) , les triangles semblables ABS, *abs*, etc., donnent les proportions :

$$AB : ab :: SB : sb , \quad BC : bc :: SB : sb.$$

Donc, $$AB : ab :: BC : bc.$$

On prouverait de même que les autres côtés CD, *cd*, etc., sont dans le même rapport. Donc, les polygones ABCD, *abcd* sont semblables.

Scholie. — Les sections parallèles à la base lui sont semblables.

116. Th. — *Si deux pyramides ont les bases équivalentes et une même hauteur, les sections parallèles à la base et faites à égale distance du sommet sont équivalentes.*

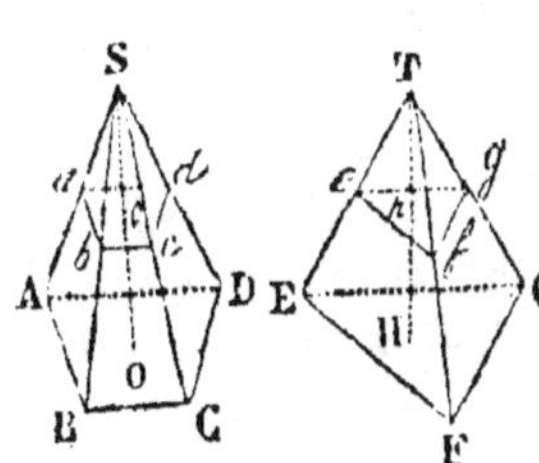

Soient les sections *abcd*, *efg*, parallèles aux bases et coupant les hauteurs égales SO, TH des pyramides à des distances So = Th. Les plans parallèles (108) déterminent les proportions :

$$SB : Sb :: SO : So ,$$

$$TF : Tf :: TH : Th, \text{ ou} :: SO : So,$$

parce que $TH = SO$, et que $Th = So$ par hypothèse.

Donc, $$SB : Sb :: TF : Tf.$$

De plus, on a :

$$SB : Sb :: AB : ab,$$

$$TF : Tf :: EF : ef.$$

Ces deux proportions ayant un rapport égal, donnent :

$$AB : ab :: EF : ef,$$

ou
$$\overline{AB}^2 : \overline{ab}^2 :: \overline{EF}^2 : \overline{ef}^2.$$

Or, les sections semblables donnent (80) :

$$ABCD : abcd :: \overline{AB}^2 : \overline{ab}^2.$$

$$EFG : efg :: \overline{EF}^2 : \overline{ef}^2.$$

Donc, à cause du rapport égal, on a :

$$ABCD : abcd :: EFG : efg.$$

Dans cette proportion, les antécédents sont équivalents; donc, les conséquents le sont aussi. C'est ce qu'il fallait démontrer.

SCHOLIE. — Si les bases n'étaient pas équivalentes et que les autres conditions fussent les mêmes que dans le théorème, les sections seraient proportionnelles aux bases.

§ 2. — Corps ronds.

117. TH. — *Les sections droites faites dans un cylindre sont des cercles égaux.*

Cette proposition est une conséquence du (n° 114) ; car, on peut considérer le cylindre comme un prisme d'une infinité de côtés, vu que la base est prise pour un polygone régulier de côtés infiniment petits (52).

118. TH. — *Les sections droites faites dans un cône sont des cercles.*

C'est une conséquence de (115); car, on peut considérer le cône comme une pyramide d'une infinité de côtés, dont la base est un polygone régulier de côtés infiniment petits (52).

SCHOLIE. La base supérieure d'un tronc de cône est un cercle, puisqu'elle est parallèle à la base inférieure.

119. Th. — *Les sections faites dans la sphère par des plans sont des cercles.*

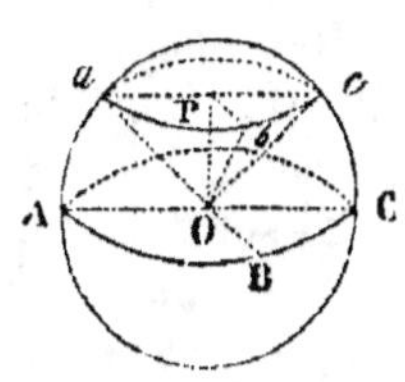

Soit ABC une section passant par le centre O. Toutes le droites OA, OB, OC, etc., seront égales comme rayon de la sphère. Donc, la section ABC est un cercle.

Soit *abc* une section qui ne passe pas par le centre. Abaissons du centre la perpendiculaire OP, et tirons les rayons O*a*, O*b*, O*c*, etc.; ces rayons seront, par rapport à OP, des obliques égales. Donc, la section *abc* est un cercle dont le centre est en P (89, coroll. 2.)

COROLLAIRE 1. — Tous les cercles qui passent par le centre de la sphère sont égaux entr'eux, car ils ont pour rayon le rayon de la sphère. On les appelle *grands cercles ;* les autres sections sont de petits cercles.

COROLLAIRE 2. — Deux grands cercles se coupent mutuellement en deux parties égales, car leur intersection est un diamètre commun aux deux cercles.

COROLLAIRE 3. — La droite qui joint le centre de la sphère à celui d'un petit cercle est perpendiculaire au plan de ce cercle.

ARTICLE 2. — *Relations entre les Polyèdres.*

§ 1. — **Égalité.**

120. Th. — *Deux polyèdres sont égaux quand ils ont les mêmes sommets.*

En effet, les sommets étant communs, les arêtes devront coïncider, puisque d'un sommet à l'autre on ne peut mener qu'une ligne droite. Dès lors, les faces coïncideront et les polyèdres seront égaux.

* **121. Th.**—*Deux prismes sont égaux lorsqu'ils ont un angle solide compris entre trois faces égales chacune à chacune et semblablement placées.*

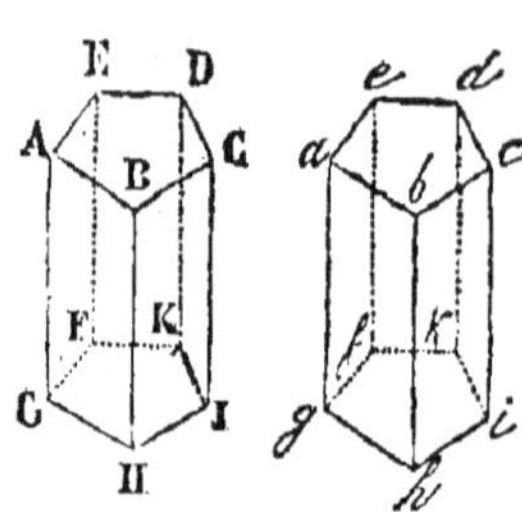

Soit la base GHIKF=*ghikf*, le parallélogramme ABHG=*abhg*, et le parallélogramme BCIH=*bcih*. Puisque ces faces sont égales, les angles plans GHI, GHB, BHI sont respectivement égaux aux angles plans *ghi*, *ghb*, *bhi*. Dès lors, si l'on pose la base *ghikf* sur son égale GHIKF, l'arête *bh* prendra la direction de BH (110);

et comme BH=*bh* à cause de l'égalité des faces, le point *b* tombera en B. De plus, pour la même raison, *bc* coïncidera avec BC, et *ba* avec BA. Donc, la base supérieure *abcde* coïncidera avec son égale ABCDE, et tous les sommets du prisme seront communs.

Corollaire 1. — Deux prismes droits de même base et de même hauteur sont égaux.

Corollaire 2. — Tous les cubes qui ont un côté égal sont égaux.

* **122. Th.** — *Deux tétraèdres sont égaux quand ils ont un angle trièdre composé de triangles égaux et semblablement disposés.*

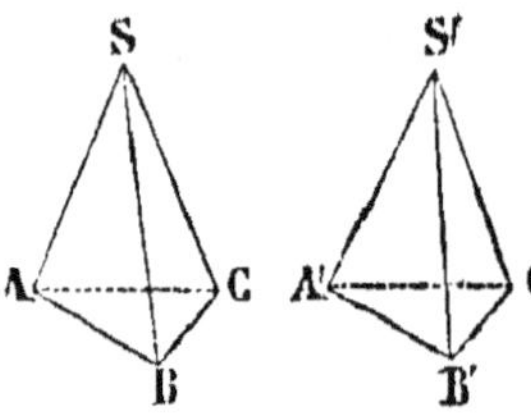

Soient S , S' les trièdres. Si l'on fait coïncider la face S'A'C' avec la face SAC, les autres faces égales SAB, S'A'B', SBC, S'B'C' étant également inclinées sur la première (110) coïncideront aussi, et les sommets seront communs.

* **123. Th.** — *Deux tétraèdres sont égaux quand ils ont un angle dièdre égal formé par deux faces égales et semblablement disposées.*

(Même figure.) Soient l'angle dièdre SB=S'B', SAB=S'A'B' et SBC=S'B'C'. Si l'on fait coïncider la face S'A'B' avec la face

SAB, l'angle dièdre S'B' égalant SB, la face S'B'C' coïncidera avec SBC et les sommets seront communs.

§ 2. — Similitude.

On appelle polyèdres semblables, ceux dont les faces sont en même nombre, semblables, semblablement disposées et également inclinées les unes à l'égard des autres.

* 124. Th. — *Deux tétraèdres sont semblables lorsqu'ils ont un angle trièdre compris entre trois triangles semblables et semblablement placés.*

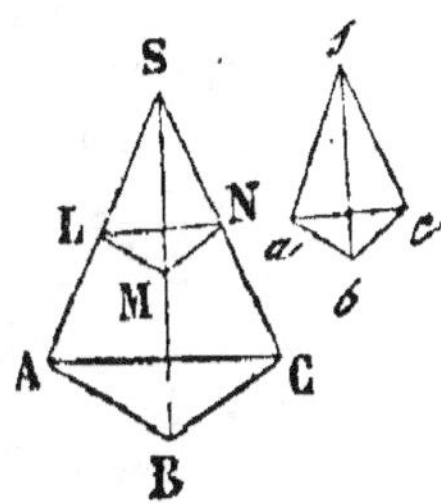

Soient les angles trièdres S , s. La similitude des faces qui comprennent ces angles donne :

$$SA : sa :: SB : sb :: SC : sc.$$

Prenons sur les arêtes SA, SB, SC, des longueurs SL, SM, SN, respectivement égales aux arêtes sa, sb, sc, et tirons LM, MN, NL. Ces dernières droites sont parallèles respectivement à AB, BC, CA, à cause de la proportion ci-dessus ; par suite, les triangles SLM, SLN, SNM, sont semblables aux triangles SAB, SAC, SBC (53), et le triangle LMN est semblable au triangle ABC. Donc, les angles plans SLM, SLN, NLM sont égaux aux angles plans SAB, SAC, CAB, et l'angle trièdre L du tétraèdre est égal à l'angle trièdre A ; de même, l'angle trièdre M=B, et l'angle trièdre N=C. Ainsi, le tétraèdre SLMN est semblable à SABC.

Or, le tétraèdre SLMN est égal à *sabc*, comme ayant un angle trièdre compris entre trois triangles égaux chacun à chacun (122). Donc, enfin, le tétraèdre *sabc* est semblable à SABC.

* 125. Th. — *Deux tétraèdres sont semblables quand ils ont un angle dièdre égal compris entre deux faces semblables chacune à chacune et semblablement placées.*

(Même figure). Soit l'angle dièdre SB=*sb*, et les triangles SAB, SBC respectivement semblables aux triangles *sab*, *sbc*.

Si l'on construit, comme dans le théorème précédent, un tétraèdre SLMN, il sera semblable à SABC (124) et égal à *sabc* (123). Donc, le tétraèdre *sabc* est semblable à SABC.

* 126. Th. — *Deux polyèdres composés d'un même nombre de tétraèdres semblables et disposés de la même manière, sont semblables et réciproquement.*

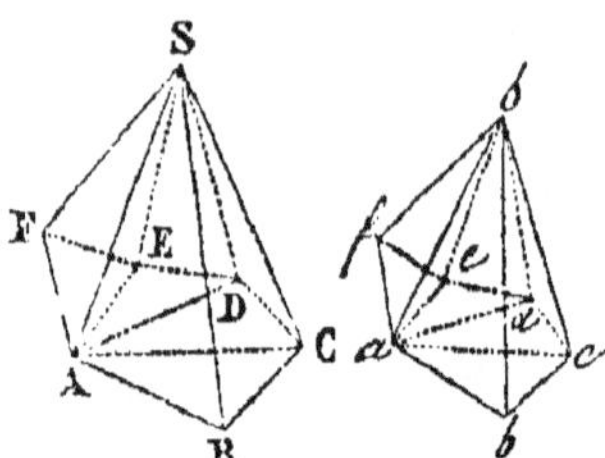

Soient les polyèdres A, *a*.

1º Toutes les faces des deux polyèdres sont, comme il est aisé de le voir, ou des faces semblables de tétraèdres homologues, ou composées d'un même nombre de ces faces semblablement disposées entr'elles et par suite semblables (63).

Les faces ABS, *abs* sont dans le premier cas ; les faces ABCDE, *abcde* sont dans le second cas.

Tous les angles dièdres sont égaux ; car ils sont, ou communs aux polyèdres et aux tétraèdres semblables, ou formés de la somme d'angles égaux comme appartenant à des tétraèdres semblables. Les angles AB, *ab* sont dans le premier cas ; les angles SC, *sc* sont dans le second cas. Donc, les polyèdres sont semblables.

2º Réciproquement, si dans les faces semblables on joint les angles homologues par des diagonales, on formera un même nombre de triangles semblables et semblablement disposés. De plus, si l'on joint un sommet homologue S, *s* à tous les autres sommets, les polyèdres seront partagés en un même nombre de tétraèdres semblablement placés et dont toutes les bases seront semblables. Nous disons de plus que ces tétraèdres sont semblables. En effet, parmi les tétraèdres, les uns ont deux faces communes avec les polyèdres et comprenant entr'elles des angles dièdres égaux comme appartenant aux polyèdres ; ces tétraèdres sont donc semblables (125) ; tels sont : ACBS, *acbs* ; les autres ont deux faces semblables, comprenant des angles dièdres égaux , savoir : une face commune avec le polyèdre , l'autre homologue dans des tétraèdres déjà reconnues semblables , des angles égaux comme étant la différence d'angles égaux des polyèdres et d'angles égaux des tétraèdres semblables ; tels sont : les tétraèdres SACD, *sacd*.

CHAPITRE QUATRIÈME.

—

MESURE DES SOLIDES.

—

ARTICLE 1er — *Mesure des Surfaces.*

§ 1. — Polyèdres.

127. Th. — *La surface latérale d'un prisme est égale à une arête latérale multipliée par le contour d'une section droite.*

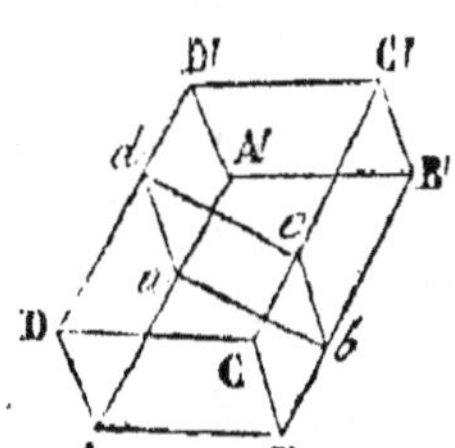

En effet, cette surface se compose d'une série de parallélogrammes dont chacun a pour mesure le produit de la base par la hauteur. Or, le plan *abcd* étant perpendiculaire aux arêtes AA', BB', etc., il en résulte que ces arêtes sont perpendiculaires aux droites *ab*, *bc*, etc., situées dans ce plan (83).

Donc, si l'on prend AA', BB', etc., pour bases des parallélogrammes, les hauteurs seront *ab*, *bc*, etc., et les surfaces totales des parallélogrammes seront AA'$\times$*ab*, BB'$\times$*bc*, etc.; et comme AA'=BB'=etc., la surface totale sera AA'$\times$*abcd*. Ce qu'il fallait démontrer.

COROLLAIRE. — Dans le prisme droit, la section droite n'est autre que la base; par suite, la surface latérale d'un tel prisme est égale au périmètre de la base multiplié par la hauteur.

128. Th. *La surface latérale d'une pyramide régulière est égale au périmètre de la base multiplié par la moitié de l'apothème.*

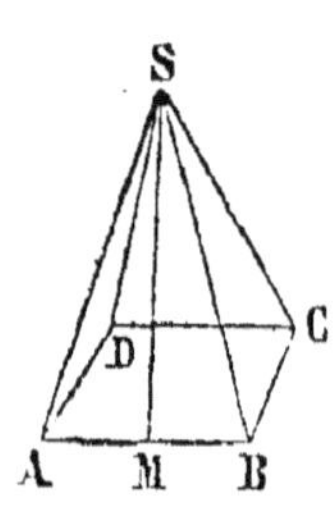

N. B. On appelle *apothème* d'une pyramide régulière la perpendiculaire abaissée du sommet sur un côté de la base.

En effet, l'aire de chaque triangle est égale à un côté de la base multiplié par la moitié de l'apothème ; et comme tous les triangles sont égaux, il en résulte que la somme de ces triangles est égale à la somme des côtés, ou au périmètre de la base multiplié par la moitié de l'apothème.

SCHOLIE. — Dans les pyramides irrégulières, il faut calculer séparément la surface de chaque triangle.

129. Th.—*La surface latérale du tronc de pyramide régulière est égale à la demi-somme des périmètres des bases multiplié par son apothème.*

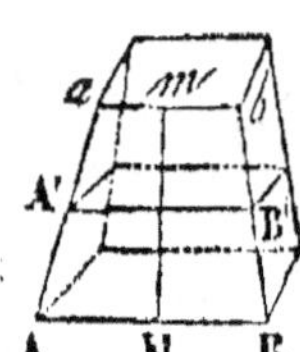

En effet, cette surface est une somme de trapèzes, tels que AB *ba*, égaux entr'eux. Le trapèze AB, *ba* a pour mesure $\dfrac{AB + ba}{2} \times Mm$.

Donc, les n trapèzes auront pour mesure :

$$n\,\frac{(AB + ab)}{2} \times Mm, \text{ ou } \frac{n \cdot AB + n \cdot ab}{2} \times Mm,$$

c'est-à-dire la demi-somme des périmètres des bases du tronc multipliée par l'apothème.

SCHOLIE. — Si l'on mène à égale distance des deux bases un plan sécant parallèle à ces bases, le périmètre de la section résultante est égal à la demi-somme des périmètres des deux bases.

En effet, cette section, semblable à la base (115), est un polygone régulier dont un côté A'B' est égal à :

$$\frac{AB + ab}{2} \;(71, \text{sch.}). \text{ Donc, la somme des } n \text{ côtés est : } n \times \frac{AB + ab}{2}$$

On peut donc dire encore que la surface latérale d'un tronc de pyramide régulière a pour mesure le produit de son apothème par le périmètre d'une section parallèle aux bases et également distante de l'une et de l'autre.

§ 2. — Corps ronds.

130. Th. — *La surface latérale du cylindre a pour mesure le produit de la circonférence de la base multipliée par sa hauteur.*

En effet, on peut considérer le cylindre comme un prisme droit dont la base est un polygone régulier d'une infinité de côtés. Or, la surface latérale d'un prisme droit a pour mesure le périmètre de sa base multiplié par sa hauteur (127, corol.) Donc, la face latérale du cylindre a pour mesure le produit de la circonférence de la base multipliée par sa hauteur.

Scholie. — Soit r le rayon de la base, h la hauteur d'un cylindre, l'expression de sa surface latérale sera $2\pi rh$.

131. Th. — *La surface latérale d'un cône a pour mesure la circonférence de sa base multipliée par la moitié de son côté.*

En effet, le cône peut être considéré comme une pyramide régulière dont la base est un polygone d'une infinité de côtés, et dont l'apothème serait le côté du cône. Or, la surface latérale de la pyramide régulière a pour mesure le produit du périmètre de la base par la moitié de son apothème. Donc, la surface latérale du cône a pour mesure le produit de la circonférence de sa base par la moitié de son côté.

Scholie. — Soit r le rayon de la base, c le côté d'un cône ; l'expression de la surface latérale est à $2\pi r \times \frac{1}{2} c$, ou πrc.

132. Th. — *La surface latérale d'un tronc de cône a pour mesure le produit de son côté multiplié par la demi-somme des circonférences des deux bases.*

En effet, le cône pouvant être considéré comme une pyramide régulière, le tronc de cône peut être considéré aussi comme un tronc de pyramide dont la base est un polygone d'une infinité de côtés ; par conséquent (129), sa surface latérale a pour mesure son côté multiplié par la demi-somme des circonférences des deux bases.

SCHOLIE. — La surface latérale d'un tronc de cône a encore pour mesure le produit de son côté multiplié par la circonférence d'une section parallèle aux bases et également distante de l'une et de l'autre ; c'est une conséquence du scholie du n° 129.

133. TH. — *La surface de la sphère a pour mesure la circonférence d'un grand cercle multiplié par le diamètre.*

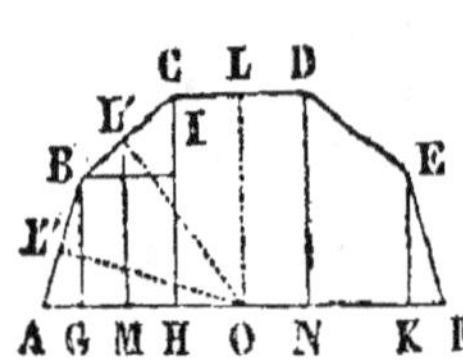

En effet, la sphère peut être considérée comme engendrée par la révolution d'un demi-polygone régulier d'une infinité de côtés autour de son diamètre. Cherchons donc la surface engendrée par le demi-polygone régulier ABCDEF ; abaissons sur le diamètre les perpendiculaires BG, CH, DN, EK, et menons les apothèmes OL, OL', OL''.

Parmi les côtés du polygone régulier, un côté peut être parallèle au diamètre.

Deux côtés peuvent rencontrer le diamètre.

Les autres côtés ne le rencontrent pas.

1° Le côté CD parallèle au diamètre engendre un cylindre dont la surface est $CD \times 2\pi \times DN$, ou bien $HN \times 2\pi \times OL$, c'est-à-dire au produit de la projection du côté CD par la circonférence du cercle inscrit dans le polygone.

2° Le côté AB engendre un cône dont la surface est égale à $\frac{1}{2} AB \times 2\pi \times BG$. Cette expression peut être transformée en une autre équivalente. En effet, menons l'apothème OL''; les triangles ABG, ALO sont semblables comme ayant deux angles égaux, savoir : l'angle A qui est commun et un angle droit. On a donc la proportion :

$$BG : OL'' :: AG : AL'';$$

ou en multipliant un extrême et un moyen par 2π, on a :

$$2\pi \times BG : 2\pi \times OL'' :: AG : AL'';$$

d'où l'on tire :

$$AG \times 2\,\pi \times OL'' = AL'' \times 2\,\pi \times BG = \tfrac{1}{2}AB \times 2\,\pi \times BC,$$

puisque $\qquad AL'' = \tfrac{1}{2}AB.$

Donc, la surface du cône engendrée par AB est égale à $AG \times 2\pi \times OL''$, c'est-à-dire au produit de la projection de AB'' sur le diamètre par la circonférence du cercle inscrit.

3° Le côté BC engendre un tronc de cône dont la surface est $BC \times 2\,\pi \times L'M$. L'M étant une perpendiculaire au diamètre menée du point L' milieu de BC. L'expression de la surface, peut être transformée en une autre. En effet, abaissons BI perpendiculaire sur CH, et observons que BI = GH. Les triangles BCI, ML'O, sont semblables comme ayant leurs côtés respectivement perpendiculaires. On a donc la proportion

$$OL' : L'M :: BC : BI \text{ ou } GH.$$

En multipliant un extrême et un moyen par $2\,\pi$, il vient :

$$2\,\pi \times OL' : 2\,\pi \times L'M :: BC : GH;$$

d'où l'on tire :

$$BC \times 2\,\pi \times L'M = GH \times 2\,\pi \times OL.$$

Donc, la surface engendrée par le côté BC est encore égale au produit de la projection de ce côté sur le diamètre par la circonférence du cercle inscrit dans le polygone.

Il résulte de là que la surface engendrée par le demi-polygone est égale à la somme des projections des côtés, ou au diamètre multiplié par la circonférence du cercle inscrit.

Si le polygone a une infinité de côtés, la surface décrite n'est autre que celle de la sphère, et le rayon du cercle inscrit devient le rayon de la sphère ou le rayon d'un grand cercle. Donc, la surface de la sphère est égale au diamètre multiplié par la circonférence d'un grand cercle.

SCHOLIE 1. — Soit R le rayon de la sphère ; son diamètre est 2R, et la surface d'un grand cercle est $2\pi R$. L'expression de la surface de la sphère est donc $2R \times 2\pi R$ ou $4\pi R^2$.

SCHOLIE 2. — La surface de la sphère est quadruple de celle d'un grand cercle, puisque celle-ci est égale à πR^2.

COROLLAIRE. — La surface d'une zone est égale à sa hauteur, multipliée par la circonférence d'un grand cercle.

ARTICLE 2. — *Mesures des Volumes.*

§ 1. -- **Polyèdres.**

134. Th. — *Le parallélipipède rectangle a pour mesure le produit de sa base par sa hauteur, ou le produit de ses trois dimensions.*

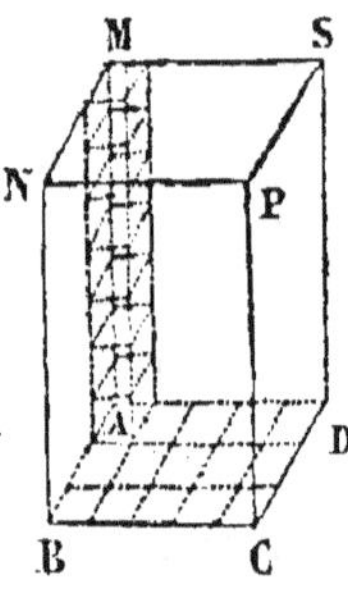

Soit le parallélipipède AP. Supposons que les trois dimensions soient comme des nombres entiers ; par exemple, que la largeur BC de la base contienne 5 unités , que la longueur CD en contienne 3, et que la hauteur AM en ait 7. Par chaque point de division menons des plans perpendiculaires ; le parallélipipède se partage ainsi en cubes égaux. Or, le nombre des cubes est égal à $5 \times 3 \times 7$, ou au produit de la base par la hauteur du parallélipipède. En effet, on a autant de tranches horizontales de cubes qu'il y a d'unités dans la hauteur , ou 7 tranches ; chaque tranche contient autant de cubes qu'il y a d'unités de surface dans la base, ou 5×3. Multipliant donc ce nombre de cubes de chaque tranche par le nombre de tranches , on trouve $5 \times 3 \times 7$ cubes.

Si les trois dimensions étaient incommensurables , on prendrait pour mesure un cube dont le côté fût assez petit pour pouvoir rendre le reste moindre que toute quantité donnée, et susceptible ainsi d'être négligé ; l'on tomberait de cette manière dans le cas démontré.

COROLLAIRE 1. — Des parallélipipèdes rectangles qui ont une dimension commune sont entr'eux comme les produits des deux autres dimensions.

En effet, soient P et P' les parallélipipèdes, A, B, A', B' leurs dimensions différentes , et C la dimension commune. Le théorème donne :

$$P = A \times B \times C, \quad P' = A' \times B' \times C.$$

Divisant membre à membre , il vient :

$$\frac{P}{P'} = \frac{A . B . C}{A' . B' . C} = \frac{A . B}{A' . B'}, \text{ ou bien } P : P' :: A . B : A' . B'.$$

COROLLAIRE 2. — On prouverait de même que deux parallélipipèdes rectangles qui ont deux dimensions communes sont entr'eux comme leur troisième dimension.

135. Th. — *Tout parallélipipède droit a pour mesure le produit de sa base par sa hauteur.*

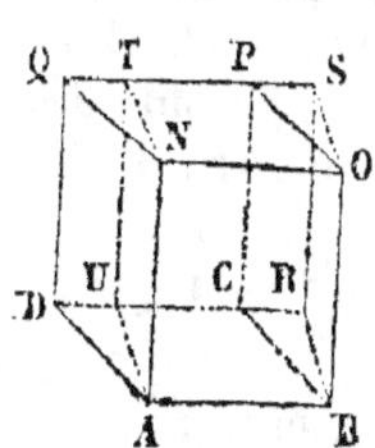

Il en sera ainsi, si le parallélipipède droit AP est équivalent à un parallélipipède rectangle de base équivalente et de même hauteur. En effet, menons AU, BR perpendiculaires sur DC, et UT, RS perpendiculaires à DR, dans le plan DP; enfin, tirons NT et OS. Le solide ABRUS sera un parallélipipède rectangle. De plus, les prismes DUAN, CRBO sont égaux; car ils peuvent se superposer. Si donc du solide AS on retranche l'un ou l'autre prisme, les restes ou les parallélipipèdes seront équivalents, et par suite auront la même mesure.

136. Th. — *Tout parallélipipède oblique a pour mesure le produit de sa base par sa hauteur.*

1re DÉMONSTRATION. — Il en sera ainsi si tout parallélipipède est équivalent à un parallélipipède rectangle de base équivalente et de même hauteur; c'est ce qui a lieu. En effet, plaçons les bases des deux parallélipipèdes sur un même plan, et imaginons ces solides coupés par des plans parallèles aux bases en tranches infiniment minces. Les sections étant égales aux bases (114), on pourra regarder deux tranches correspondantes comme composées d'un même nombre de cubes infiniment petits. Or, le nombre des tranches est égal, à cause de la hauteur commune; les deux parallélipipèdes contiendront donc un même nombre de cubes infiniment petits ou seront égaux en solidité.

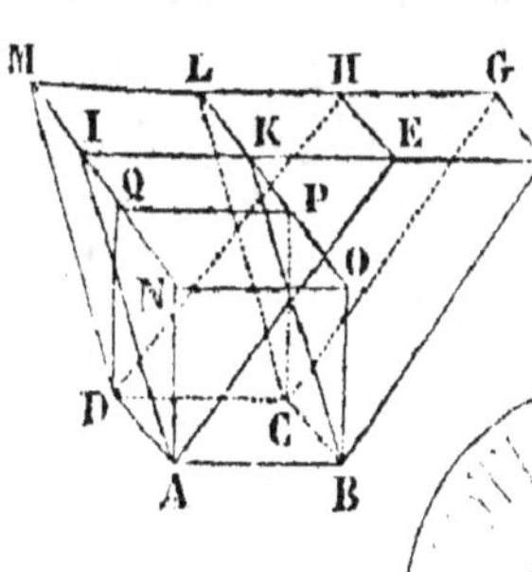

* 2e DÉMONSTRATION.-Soit le parallélipipède AG. Par les points A, B, C, D élevons à la base inférieure des perpendiculaires qui rencontreront le plan de la base supérieure aux points N, O, P, Q; joignons ces points par des droites, et prolongeons OP, NQ et FE, GH, jusqu'à ce qu'elles forment le parallélogramme IKLM;

enfin, tirons AI, BK, CL, DM ; nous aurons trois parallélipipèdes AG, AP, AL, de même base ABCD et de même hauteur, puisque les bases supérieures sont sur un même plan parallèle à ABCD. Or, le parallélipipède AL est équivalent à AG. En effet, à cause de IK=AB, EF=AB, on a : IK=EF, et par suite IE=KF. Donc, le parallélogramme IEHM = KFGL. De plus, le parallélogramme AIMD = BKLC (112), et le triangle AEI=BFK, à cause de l'égalité des trois côtés respectifs. Les prismes, dont les bases sont AEI, BFK, sont donc égaux (121).

Si maintenant du solide ABFIDCGM on retranche l'un ou l'autre prisme, les restes, qui ne sont autres que les parallélipipèdes AG, AL, seront donc équivalents. On démontrerait de même que le parallélipipède AL est équivalent à AP. Donc, le parallélipipède oblique AG est équivalent au parallélipipède droit AP, et il a la même mesure.

137. Th. — *Le volume du prisme droit a pour mesure le produit de sa base par sa hauteur.*

Prenons d'abord le cas particulier d'un prisme droit triangulaire.

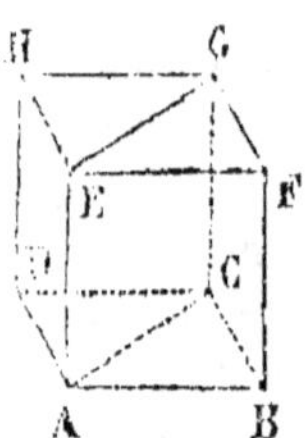

Soit le prisme ABCF. Ce prisme est la moitié du parallélipipède droit BH, car les prismes ABCF, ACDH peuvent se superposer, vu que les deux bases ABC, ACD ont les côtés égaux et disposés de la même manière, et que les arêtes latérales sont perpendiculaires à la base et égales. La superposition fera donc coïncider tous les sommets. Ainsi, le prisme aura pour mesure la moitié de la mesure du parallélipipède, ou sa base qui est la moitié de celle du parallélipipède multipliée par sa hauteur.

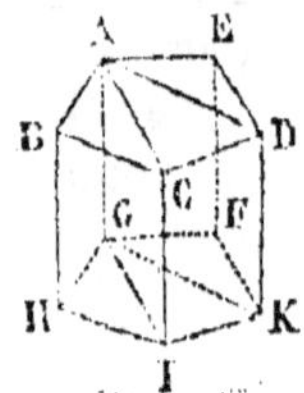

Un prisme droit quelconque AI peut se partager en prismes triangulaires, en divisant la base en triangles par des diagonales, et en faisant passer des plans par les arêtes placées aux extrémités de ces diagonales. Le volume de ce prisme sera égal à la somme des volumes des prismes triangulaires ou à la somme de leurs bases, qui n'est autre chose que la base du prisme donné multipliée par la hauteur.

138. Th. — *Le volume du prisme oblique a pour mesure le produit de sa base par sa hauteur.*

1re Démonstration. — Tout prisme oblique est équivalent à un prisme droit de même base et de même hauteur ; car, si l'on place les deux bases de ces deux prismes sur un même plan et qu'on les coupe par des plans parallèles aux bases en tranches infiniment minces, les tranches correspondantes pouvant être considérées comme équivalentes, les sommes de ces tranches seront équivalentes aussi, et par suite la mesure du prisme sera la même dans les deux cas.

⋆ 2e Démonstration. — Prenons, comme dans le théorème précédent, le prisme triangulaire. Ce prisme est aussi la moitié d'un parallélipipède de même base et de même hauteur. On ne peut pas le démontrer par la superposition, mais il est facile de faire voir que les deux prismes dans lesquels se divise le parallélipipède oblique sont équivalents à deux prismes droits superposables et par conséquent égaux entr'eux. En effet :

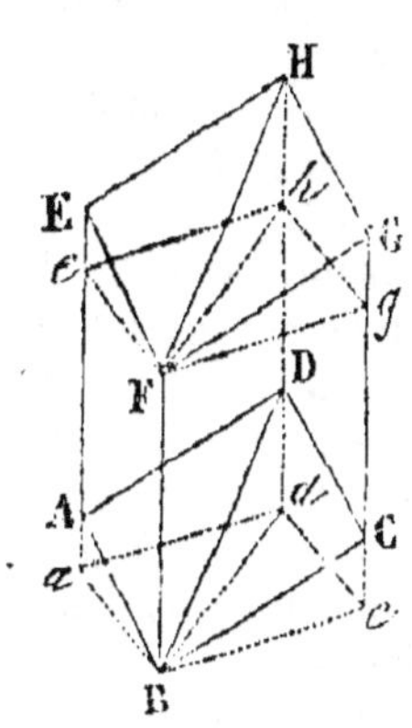

Soit le parallélipipède oblique AG, et les deux prismes BCDFGH, ADBEHF, dans lesquels il se divise. Menons au point B un plan perpendiculaire à l'arête BF ; prolongeons les arêtes GC, HD, EA jusqu'à ce plan en des points c, d, a, et tirons BD; faisons les mêmes constructions au point F ; nous obtenons ainsi un parallélipipède droit équivalent au parallélipipède oblique. En effet, les solides BcdaCDA, FgheGHE peuvent se superposer. Les bases sont égales (114) ; de plus, l'arête $cC = gG$; car, CG ou $Cg + gG = BF$, et cg ou $cC + Cg = BF$; d'où, $Cg + gG = cC + Cg$; égalité qui, en retranchant de part et d'autre Cg, donne $gG = cC$. Comme ces deux arêtes sont perpendiculaires sur les bases, elles doivent coïncider, et le sommet C tombe sur le sommet G. De même, les sommets D, A coïncident respectivement avec les sommets H, E. Donc, ces solides sont égaux. Or, si de la figure totale on retranche le solide supérieur, il reste le parallélipipède droit ; si l'on retranche le solide inférieur , il reste le parallélipipède oblique. Ces parallélipipèdes sont donc équivalents.

On prouverait de la même manière que les prismes triangulaires dans lesquels se divise le parallélipipède, sont équivalents aux prismes droits correspondants. Or, ceux-ci sont égaux entr'eux ; donc, les prismes obliques sont équivalents et ont pour mesure la moitié de celle du parallélipipède, c'est-à-dire le produit de leur base par la hauteur.

Le prisme polygone oblique pouvant se diviser en prismes triangulaires , a aussi pour mesure le produit de sa base par sa hauteur.

SCHOLIE. — Les prismes triangulaires dans lesquels se divise le parallélipipède oblique sont des prismes *symétriques*.

139. LEMME. — *Des pyramides triangulaires de base équivalente et de hauteur égale sont équivalentes.*

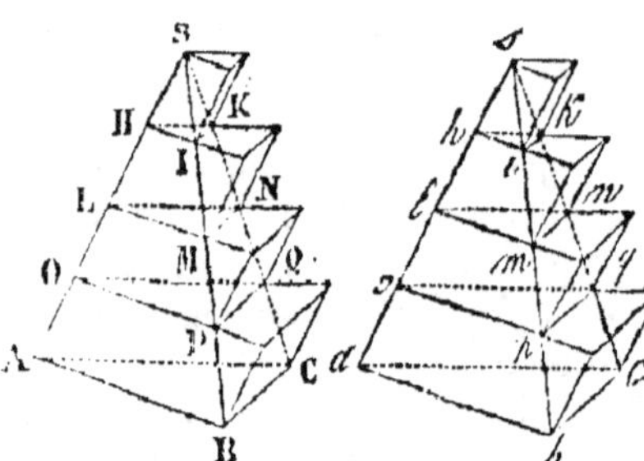

Soient les pyramides triangulaires ABCS , abcs. Partageons la hauteur en parties égales, et après avoir placé les bases des pyramides dans un même plan, menons par chaque point de division de la hauteur des plans parallèles à la base; puis, sur les sections ABC, OPQ, LMN , etc. , construisons des prismes entre les plans ; faisons les mêmes constructions dans la seconde pyramide ; les prismes correspondants dans les deux pyramides sont respectivement équivalents, parce qu'ils ont même base et même hauteur. Or, on peut partager la hauteur en parties assez petites pour que chaque pyramide contienne une infinité de prismes dont la somme différera d'aussi peu qu'on voudra de la pyramide correspondante , vu que les parties extérieures des prismes font une somme évidemment plus petite que le prisme inférieur, lequel peut être pris moindre que toute quantité donnée. Donc, les sommes des prismes étant respectivement équivalentes, les pyramides le seront aussi.

140. Th. — *Le volume de la pyramide est égal au tiers du produit de sa base par sa hauteur.*

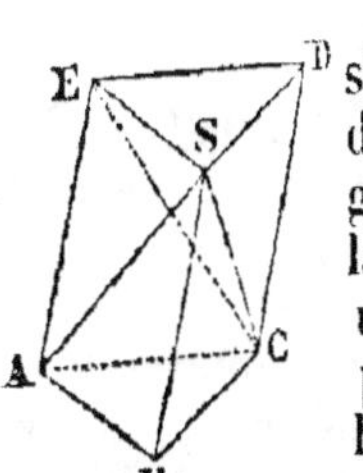

Toute pyramide peut se partager en plusieurs pyramides triangulaires, si l'on mène des plans qui passent par le sommet et les diagonales de la base. Il suffit donc de connaître la mesure de la pyramide triangulaire. Or, une pyramide triangulaire est le tiers d'un prisme triangulaire de même base et de même hauteur.

En effet, soit le prisme ABCDES. Par les sommets A, C, S, menons un plan ; menons un autre plan par les sommets S, E, C. Ces plans partagent le prisme en trois pyramides équivalentes ; car les pyramides ABCS, DESC ont même base et même hauteur que le prisme ; elles sont donc équivalentes (139). La pyramide AECS et la pyramide CDSE ayant des bases égales AEC, CDE, et le sommet commun en S, sont encore équivalentes. Les trois sont donc équivalentes entr'elles ou équivalentes chacune au tiers du volume du prisme. Comme sur une pyramide triangulaire quelconque on peut toujours former un prisme, on peut donc dire que toute pyramide triangulaire a pour mesure le tiers du produit de sa base par sa hauteur.

Une pyramide quelconque aura pour mesure la somme des triangles de sa base, ou sa base multipliée par le tiers de la hauteur.

*** 141. Th.** — *Le volume d'un tronc de pyramide est égal à trois pyramides dont la hauteur serait celle du tronc, et dont les bases seraient la base inférieure du tronc, la base supérieure et une moyenne proportionnelle entre ces deux bases.*

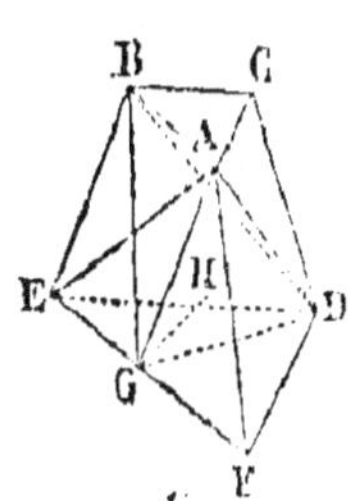

Quelle que soit la pyramide tronquée, elle est équivalente à une pyramide triangulaire tronquée de même hauteur et de même base équivalente. Nous considérerons donc, pour plus de facilité, un tronc de pyramide triangulaire EFDBAC.

Menons les plans ADE, ABD ; ces plans décomposent le tronc en trois pyramides triangulaires : EFDA, BACD, BEDA.

La première, considérée comme ayant son sommet en A, a pour base EFD, la base inférieure du tronc, et pour hauteur la hauteur du tronc.

La deuxième, considérée comme ayant son sommet en D, a pour base BAC la base supérieure du tronc, et pour hauteur la hauteur du tronc.

La troisième, considérée comme ayant son sommet en A, est équivalente à une autre de même base qui aurait le sien en G sur une parallèle AG à EB. Cette pyramide serait EGDB; et si on la considère comme ayant son sommet en B, elle a même hauteur que le tronc. Il s'agit donc de prouver que sa base EGD est moyenne proportionnelle entre EFD et BAC.

Menons GH parallèle à FD ; les deux triangles BAC, EGH sont égaux ; car le côté BA=EG (27), l'angle CBA=HEG, parce que ces angles sont formés par des parallèles, et l'angle BAC=EGH par la même raison. Or, les triangles EGH, EGD ayant le sommet en G, donnent la proportion (70, coroll.) :

$$\text{EGH ou BAC} : \text{EGD} :: \text{EH} : \text{ED}.$$

Par une raison semblable on a :

$$\text{EGD} : \text{EFD} :: \text{EG} : \text{EF}.$$

Mais, à cause des parallèles FD, GH, on a :

$$\text{EH} : \text{ED} :: \text{EG} : \text{EF}.$$

Les deux proportions ci-dessus ont donc un rapport commun, et donnent la proportion :

$$\text{BAC} : \text{EGD} :: \text{EGD} : \text{EFD};$$

ce qu'il fallait prouver.

*142. Th. — *Le volume d'un tronc de prisme triangulaire est égal à la somme de trois pyramides triangulaires, ayant pour base commune l'une quelconque des deux bases ou tronc, et pour sommets les trois sommets de l'autre base.*

Menons les plans ADE, ABD ; ces plans décomposent le tronc en trois pyramides triangulaires : EFDA, BEDA, BACD.

La première a pour base la base inférieure du tronc et pour sommet le point A.

La deuxième est équivalente à une pyramide BEDF qui aura même base BDE et même hauteur, puisque les sommets A et F sont situés sur l'arête AF parallèle à BE, et par suite au plan de la base ; mais on peut prendre pour base de cette pyramide la base inférieure du tronc, et le sommet sera en B.

La troisième pyramide est équivalente à la pyramide BCDF de même base BDC et de même hauteur, puisque les sommets A et F sont situés sur une parallèle à la base. Enfin, celle-ci est équivalente à la pyramide CDEF de même base et de même hauteur, laquelle peut être considérée comme ayant pour base la base inférieure du tronc et pour sommet le point C.

Corollaire. — Tout tronc de prisme pouvant se décomposer en troncs de prismes triangulaires, on peut donc toujours en connaître le volume.

143. Th. — *Le volume d'un polyèdre quelconque convexe est égal à la somme des pyramides dans lesquelles il est décomposé.*

Cette proposition est évidente. La décomposition en pyramides peut se faire de plusieurs manières. Une des plus simples est de faire passer les plans de division par le sommet d'un même angle solide, et les arêtes des faces non adjacentes. Le polyèdre se décomposera en autant de pyramides qu'il y a de faces, moins celles qui forment l'angle solide d'où partent les plans de division.

§ 2. — **Corps ronds.**

144. Th. — *Le volume d'un cylindre est égal au produit de sa base par sa hauteur.*

En effet, le cylindre peut être considéré comme un prisme droit, dont les bases sont des polygones réguliers d'une infinité de côtés. Or, le volume du prisme est égal au produit de sa base par sa hauteur. Donc, le cylindre a la même mesure (137).

Scholie. — Si on représente par r le rayon de la base, et par h la hauteur d'un cylindre, l'expression du volume sera $\pi r^2 h$.

145. Th. — *Le volume d'un cône est égal au produit de la base par le tiers de la hauteur.*

En effet, le cône peut être considéré comme une pyramide dont la base est un polygone régulier d'une infinité de côtés. Le cône a donc la même mesure que la pyramide, c'est-à-dire le produit de la base par le tiers de la hauteur.

Scholie. — Soit r le rayon de la base, et h la hauteur d'un cône ; l'expression du volume sera $\frac{1}{3} \pi r^2 h$.

* 146. Th. — *Le volume d'un tronc de cône est égal à la somme des volumes de trois cônes qui auraient pour hauteur commune la hauteur du tronc, et dont les bases seraient la base inférieure du tronc, la base supérieure et une moyenne proportionnelle entre ces deux bases.*

En effet, le tronc de cône peut être considéré comme un tronc de pyramide dont la base est un polygone régulier d'une infinité de côtés. Conséquemment, le tronc de cône aura la même mesure que le tronc de pyramide.

Scholie. — Soit h la hauteur d'un tronc de cône, R, r les rayons de ses bases ; l'expression du volume sera :

$$\frac{1}{3} h \pi (R^2 + r^2 + Rr).$$

147. Th. — *Le volume de la sphère est égal au produit de sa surface par le tiers de son rayon.*

1re Démonstration. — En effet, on peut considérer la surface de la sphère comme composée de plans infiniment petits dont chacun sert de base à une pyramide qui a son sommet au centre de la sphère, et qui, par conséquent, a pour hauteur le rayon. Chacune de ces pyramides a pour mesure sa base par le tiers de sa hauteur, c'est-à-dire par le tiers du rayon. Donc, la somme des pyramides dont se compose la sphère a pour mesure la somme des bases, ou la surface de la sphère multipliée par le tiers du rayon.

*** 2e Démonstration.** — La sphère peut être considérée comme engendrée par la révolution d'un demi-polygone régulier d'une infinité de côtés autour de son diamètre.

Soit un demi-polygone régulier ABCDEF qui tourne autour du diamètre AF. Le volume cherché sera égal à la somme des volumes des solides engendrés par chacun des triangles ABO, CBO, etc.

1°. Le solide décrit par le triangle ABO est égal à la somme de deux cônes ayant respectivement pour mesure $\frac{1}{3}\pi\,\overline{BP}^2\times AP$, $\frac{1}{3}\pi\,\overline{BP}^2\times PO$. En désignant par V le volume décrit par le triangle, nous aurons :

$$V = \tfrac{1}{3}\pi\,\overline{BP}^2 \cdot (AP + PO) = \tfrac{1}{3}\pi \cdot \overline{BP}^2 \cdot AO.$$

Observons que $\overline{BP}^2 \cdot AO = BP \cdot BP \cdot AO$. De plus, en menant OT, perpendiculaire sur AB, remarquons que $BP \cdot AO = AB \cdot OT$, parce que ces deux produits expriment l'un et l'autre le double de l'aire du triangle ABO.

Donc, $$V = \tfrac{1}{3}\pi \cdot BP \cdot AB \cdot OT.$$

Mais $\pi \cdot BP \cdot AB$ représente la surface du cône dont AB est le côté et BP le rayon de la base, et cette surface n'est autre que la surface décrite par la révolution de AB, que nous désignerons par surf. AB.

Donc, enfin, $$V = (\text{surf. } AB) \cdot \tfrac{1}{3}OT.$$

2º Le solide décrit par le triangle OBC est égal à la différence des solides engendrés par les triangles OMC, OMB. Donc, l'expression de ce volume, que nous désignerons par V' sera V''=(surf. MC—surf. MB). $\frac{1}{3}$ Ot=(surf. BC). $\frac{1}{3}$ OT; car OT=Ot.

3º Le solide décrit par le triangle OCD, dont le côté CD est parallèle au diamètre, sera le cylindre engendré par le rectangle CHND, diminué des deux cônes engendrés par les triangles rectangles COH, ODN. En désignant ce volume par V'', nous aurons :

$$V'' = \pi . \overline{OL}^2 . CD - \frac{1}{3} \pi . \overline{OL}^2 . HO - \frac{1}{3} \pi \overline{OL}^2 . ON =$$

$$\frac{\pi . \overline{OL}^2 . (3\,CD - HO - ON)}{3} = \frac{2 \pi \overline{OL}^2 . HN}{3}.$$

En remplaçant HN par CD, OL par OT, et en observant que 2π OL . CD=(surf. CD), nous aurons enfin :

$$V'' = (\text{surf. CD}) \times \tfrac{1}{3} OT.$$

On trouverait les mêmes valeurs pour les solides décrits par les triangles suivants. Ainsi, le volume du solide décrit par chacun des triangles est égal au produit de la surface engendrée par le côté du polygone correspondant à chaque triangle, multiplié par le tiers de l'apothème. Le volume du solide engendré par le demi-polygone est donc égal à la surface décrite multipliée par le tiers de l'apothème.

Si le demi-polygone a une infinité de côtés, le solide décrit sera une sphère, et l'apothème du polygone sera le rayon de la sphère. Par conséquent, le volume de la sphère est égal à sa surface multipliée par le tiers du rayon.

SCHOLIE. — Soit R, le rayon de la sphère. L'expression de la surface étant $4 \pi R^2$, celle du volume sera :

$$V = 4 \pi R^2 \times \tfrac{1}{3} R = \tfrac{4}{3} \pi R^3.$$

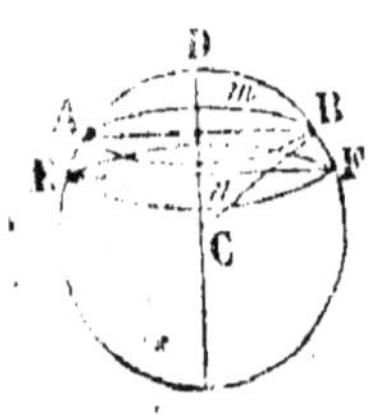

COROLLAIRE 1. — Le volume engendré par le secteur DCB, et que l'on nomme secteur sphérique, est égal à la surface décrite par l'arc DB, multipliée par le tiers du rayon.

COROLLAIRE 2. — Le volume engendré par la moitié du segment ADB, et que l'on nomme calotte sphérique, s'obtient en retranchant

du volume du secteur sphérique décrit par le secteur DCB celui
du cône décrit par le triangle mCB.

Le volume renfermé entre la zone engendrée par l'arc BF et
les plans que décrivent les perpendiculaires mB, nF, s'obtient
en retranchant la calotte sphérique décrite par le demi-seg-
ment DmB de celui de la calotte que décrit DnF.

ARTICLE 2. — *Relations entre les Volumes des Solides
semblables.*

★ 148. TH.— *Deux tétraèdres semblables sont entr'eux comme
les cubes des arêtes homologues.*

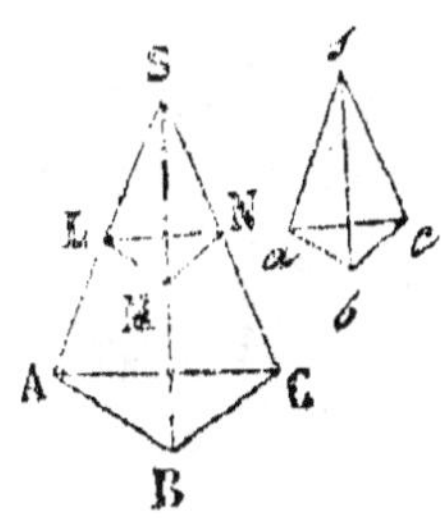

Portons le petit tétraèdre $sabc$ dans le
grand SABC, de manière qu'ils aient
l'angle S commun ; les bases seront parallèles, puisque leur plan est déterminé
par des droites BC, bc, AB, ab respectivement parallèles entr'elles. Les hauteurs
des deux tétraèdres seront donc proportionnelles aux arêtes homologues. Cela
posé, la similitude des deux triangles ABC, abc, donne :

$$ABC : abc :: \overline{AB}^2 : \overline{ab}^2.$$

D'ailleurs, on a :

$$AB : ab :: SB : sb :: SO : so ;$$

ou bien,

$$\frac{SO}{3} : \frac{so}{3} :: AB : ab.$$

Multipliant cette proportion par la première terme à terme, il
vient enfin :

$$ABC \times \frac{SO}{3} : abc + \frac{so}{3} :: \overline{AB}^2 : \overline{ab}^2 ;$$

ou bien,

$$SABC : sabc :: \overline{AB}^3 : \overline{ab}^3.$$

* **149. Th.** — *Deux polyèdres semblables sont comme les cubes de leurs arêtes homologues.*

Soient T, T', T''..... les tétraèdres qui forment un polyèdre P, et t, t', t'' les tétraèdres qui composent l'autre polyèdre p.

Soient encore A, A', A''... les arêtes des tétraèdres T, T', T''... a, a' a''..... les arêtes homologues dans les tétraèdres t, t', t''.....,

on aura :

$$T : t :: A^3 : a^3$$
$$T' : t' :: A'^3 : a'^3$$
$$T'' : t'' :: A''^3 : a''^3$$
$$. . . . .$$

Mais comme on a, par hypothèse,

$$A : a :: A' : a' :: A'' : a'' ::, \text{ etc.,}$$

ou $\qquad A^3 : a^3 :: A'^3 : a'^3 :: A''^3 : a''^3 ::, \text{ etc.,}$

on en conclut,

$$T : t :: T' : t' :: T'' : t'' ::, \text{ etc.;}$$

d'où, $T+T'+T''$, etc. $: t+t'+t''$, etc. $:: T : t : A^3 : a^3$,

ou $\qquad P : p :: A^3 : a^3.$

150. Th. — *Les volumes des sphères sont proportionnels aux cubes de leurs rayons.*

Soient S, s, deux sphères dont les rayons sont R, r, on a :

$$S = \tfrac{4}{3} \pi R^3, \qquad s = \tfrac{4}{3} \pi r^3.$$

En divisant la première égalité par la seconde, on a :

$$\frac{S}{s} = \frac{\tfrac{4}{3} \pi R^3}{\tfrac{4}{3} \pi r^3} \quad \text{ou} \quad \frac{S}{s} = \frac{R^3}{r^3};$$

c'est-à-dire , la proportion

$$S : s :: R^3 : r^3.$$

PROBLEMES.

—

PROBLÈME 1. — *Diviser une droite en deux parties égales.*

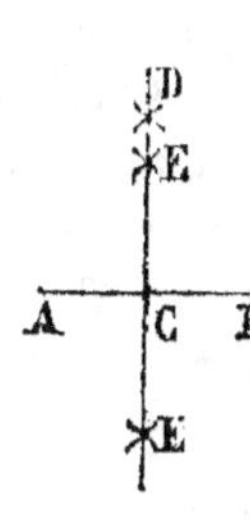

Des points A et B comme centre, avec un rayon plus grand que la moitié de AB, on décrit deux arcs qui se coupent en D ; puis, avec un rayon différent toujours moindre que la moitié de AB, on décrit de ces mêmes points deux arcs qui se coupent en E au-dessus et au-dessous de AB. La ligne qui joint les points DE est perpendiculaire au milieu de AB, puisqu'elle a deux de ses points à égale distance des extrémités A et B.

PR. 2. — *Par un point donné sur une droite, élever une perpendiculaire à cette droite.*

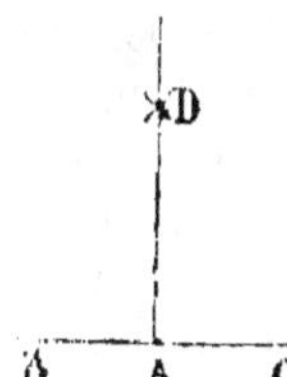

On prend deux points B, C à égale distance du point A ; puis, des points B et C comme centre avec un rayon, plus grand que BA, on décrit deux arcs qui se coupent en D. La ligne AD est la perpendiculaire demandée (11).

PR. 3. — *D'un point A situé hors de la droite BD, abaisser une perpendiculaire sur cette droite.*

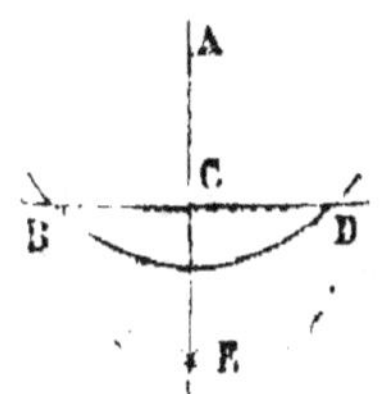

Du point A comme centre, on décrit un arc qui coupe la droite en deux points B,D ; puis, des points B et D comme centre et d'un rayon plus grand que la moitié de BD, on décrit deux arcs qui se coupent en E. La droite AE est la perpendiculaire demandée.

Pr. 4. — *Au point A de la ligne AB, faire un angle égal à un angle donné K.*

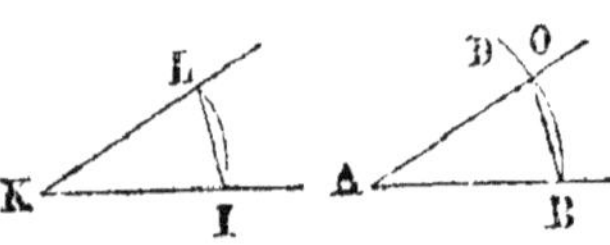

Du sommet K comme centre, et d'un rayon quelconque, on décrit un arc IL qui coupe les deux côtés de l'angle ; du point A comme centre, avec le même rayon, on décrit un arc indéfini BO ; puis, on prend un rayon égal à la corde LI du point B comme centre, et avec ce rayon on décrit un arc qui coupe en D l'arc BO ; on tire AD, et l'angle DAB est égal à l'angle K. En effet, les deux arcs LI, DB ont des rayons égaux et des cordes égales ; ils sont donc égaux (40), et par suite les angles qu'ils mesurent sont aussi égaux (43).

Pr. 5. — *Par un point donné A, mener une parallèle à une droite donnée BC.*

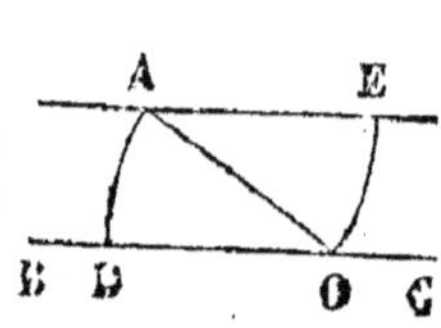

Du point A comme centre, on décrit un arc indéfini qui coupe BC en O ; du point O comme centre, et avec le même rayon, on décrit un arc qui passe par le point A, et qui coupe BC à un point D ; puis, on prend OE égal à AD, et la droite AE est la parallèle demandée.

Pr. 6. — *Deux angles A et B d'un triangle étant donnés, trouver le troisième.*

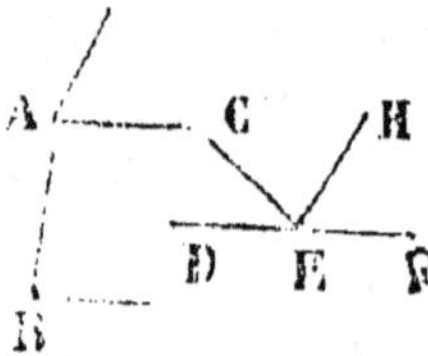

On tire une ligne indéfinie DF ; en un point E, on fait un angle HEF=A, et à la suite un angle CEH = B ; l'angle demandé est CED, puisqu'il est le supplément des deux angles A et B (22).

PR. 7. — *Diviser un angle K en deux parties égales.*

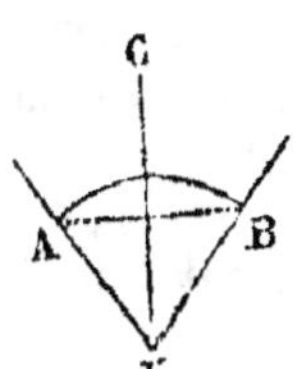

Du point K comme centre, avec un rayon quelconque, on décrit un arc qui rencontre les côtés de l'angle en deux points A et B ; des points A et B comme centres, et avec un rayon plus grand que la moitié de AB, on décrit deux arcs qui se coupent en C. La droite CK est la bissectrice demandée.

PR. 8. — *Etant donnés deux côtés A et B d'un triangle et l'angle qu'ils comprennent, décrire le triangle.*

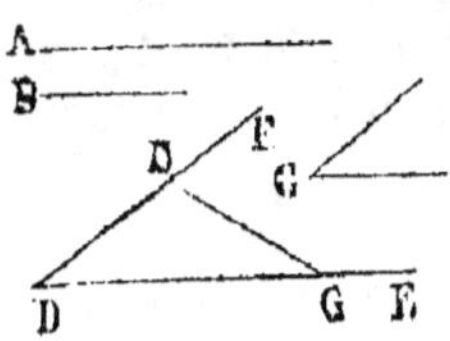

Sur une droite indéfinie DE, on fait en un point D un angle EDF égal à C ; sur DE, on prend DG=A, et sur DF on prend DH=B ; on tire GH, et le triangle demandé est HDG.

PR. 9. — *Etant donnés un côté A et deux angles B et C d'un triangle, décrire le triangle.*

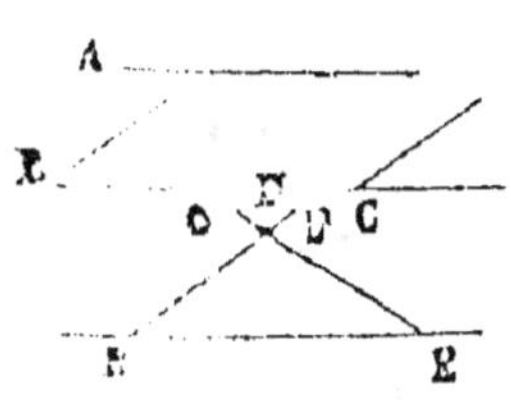

1° Si les angles B et C sont adjacents au côté A, on prend sur une droite indéfinie DE=A, et aux points D et E on fait des angles EDF, HED égaux respectivement à B et à C ; les côtés DF, EG se rencontreront en un point H, et le triangle demandé sera DHE.

2° Si les deux angles donnés étaient l'un adjacent et l'autre opposé au côté donné, on chercherait le second angle adjacent (pr. 6), et puis on ferait les constructions ci-dessus.

Pr. 10. — *Etant donnés les trois côtés A, B, C d'un triangle, décrire le triangle.*

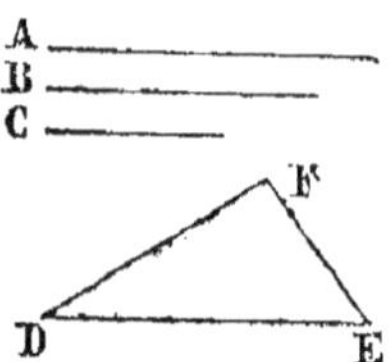

On trace une droite DE=A; de l'extrémité D avec B pour rayon on décrit un arc; de l'extrémité E avec C pour rayon on décrit un autre arc, dont une intersection avec le premier est en F ; on tire DF et EF, et le triangle demandé est DEF.

Pr. 11. — *Etant donnés deux côtés A et B d'un triangle et l'angle C opposé au côté A, décrire le triangle.*

On fait un angle égal à C, dont on prend un côté égal à B ; de l'extrémité de ce côté comme centre, avec un rayon égal à A, on trace un arc de cercle qui coupera le second côté de l'angle ; puis on joint les intersections avec le point pris pour centre, et l'on obtient un ou deux triangles qui satisfont à la question.

Pr. 12. — *Etant donnés un angle d'un parallélogramme et les côtés qui le comprennent, décrire le parallélogramme.*

On fait un angle égal à l'angle donné, puis on prend sur les côtés des longueurs égales aux côtés donnés du parallélogramme, et par les extrémités on mène des parallèles aux côtés opposés.

Pr. 13. — *Trouver le centre d'un cercle ou d'un arc ?*

On tire deux cordes non parallèles ; par le milieu de ces cordes, on élève des perpendiculaires ; le point de rencontre des perpendiculaires est le centre du cercle ou de l'arc.

Pr. 14. — *Mener par un point une tangente à un cercle.*

1° Si le point est sur la circonférence, on tire un rayon qui passe par ce point, et l'on élève une perpendiculaire à l'extrémité de ce rayon.

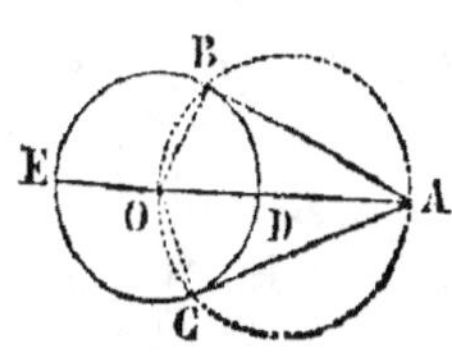

2º Si le point est hors de la circonférence, on joint le point A et le centre O, et sur AO comme diamètre on trace une circonférence qui coupera aux points B et C la circonférence donnée ; enfin, on tire AB et AC. Ces deux droites sont deux tangentes à la circonférence donnée.

En effet, si l'on tire les rayons OB, OC, on voit que ces rayons sont respectivement perpendiculaires aux droites AB, AC; car les angles OBA, OCA inscrits dans un demi-cercle sont droits.

PR. 15. — *Inscrire un cercle dans un triangle donné ABC.*

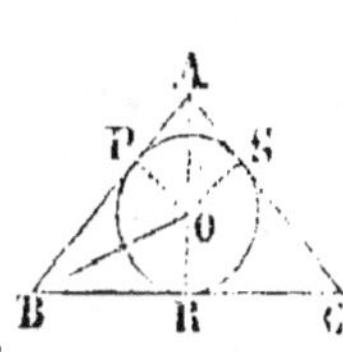

Partageons deux angles B et A en deux parties égales; les bissectrices se rencontreront en un point O qui est le centre du cercle demandé. En effet, les perpendiculaires OP, OR, OS abaissées de ce point sur les côtés sont égales, vu que les triangles rectangles BOR, BOP sont égaux, ainsi que les triangles rectangles POA, AOS, comme ayant l'hypothénuse égale et un angle égal.

PR. 16. — *Sur une droite donnée AB, décrire un segment capable d'un angle donné C, c'est-à-dire un segment tel que tous les angles qui y sont inscrits soient égaux à l'angle C.*

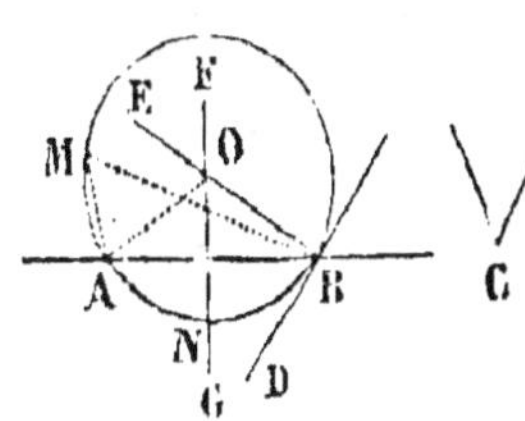

Au point B, on fait un angle ABD=C, et au point B on élève une perpendiculaire à BD ; puis, par le milieu de AB, on élève une perpendiculaire à cette ligne. Le point de rencontre O est le centre, et OB est le rayon du cercle ; le segment AMB est le segment demandé ; car tout angle AMB inscrit dans ce segment a la même mesure que l'angle ABD (46), égal à l'angle donné C.

PR. 17. — *Inscrire un carré dans un cercle.*

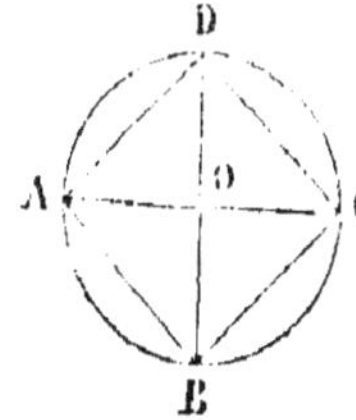

On mène deux diamètres AC, BD, perpendiculaires entr'eux, et l'on tire AD, DC, CB, BA ; le quadrilatère ABCD est le carré demandé ; car ses angles sont droits comme inscrits dans un demi-cercle, et ses côtés sont égaux comme sous-tendant des arcs égaux.

8

Pr. 18. — *Inscrire ou circonscrire un hexagone régulier à un cercle.*

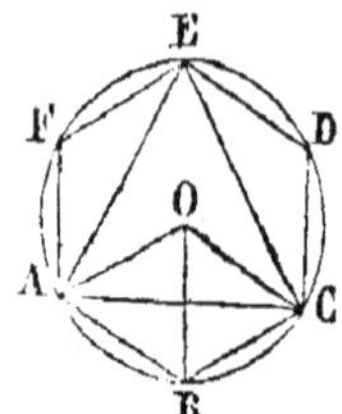

1° Supposons le problème résolu, et soit ABCDEF l'hexagone inscrit; tirons les rayons OA, OB. Le triangle AOB est isocèle. L'angle AOB vaut la sixième partie de quatre angles droits ou les $\frac{2}{3}$ d'un angle droit. Les angles OAB, OBA réunis, valent donc deux angles droits moins $\frac{2}{3}$, ou $\frac{4}{3}$ d'angle droit. Mais ces angles sont égaux entr'eux (24) ; chacun vaut donc $\frac{2}{3}$ d'angle droit, et les trois angles du triangle AOB sont égaux. Donc, ce triangle est équilatéral (24, coroll.), et AB=AO, ou bien le côté de l'hexagone est égal au rayon.

2° Il suffit de mener des tangentes par les sommets de l'hexagone inscrit.

Pr. 19. — *Inscrire ou circonscrire un triangle équilatéral à un cercle.*

(Même figure.) 1° On inscrit un hexagone, et l'on joint les sommets A, C, E ; le triangle ACE satisfait à la question, car les côtés sont égaux comme sous-tendant des arcs égaux.

2° Il suffit de mener des tangentes par les sommets du triangle inscrit.

* Scholie. — Si l'on tire OA, OC, OB, la figure AOCB est un losange dans lequel la somme des carrés des côtés est égale à la somme des carrés des diagonales (78, coroll.), ou

$$4R^2 = R^2 + T^2$$

(en représentant par R toutes les lignes égales au rayon et par T le côté du triangle). Si l'on retranche R^2 des deux membres de cette égalité, il vient :

$$3R^2 = T^2,$$

ce qui donne la proportion :

$$T^2 : R^2 :: 3 : 1,$$

ou

$$T : R :: \sqrt{3} : 1.$$

Donc, le côté du triangle équilatéral est au rayon comme la racine carrée de 3 est à l'unité.

PR. 20. — *Diviser une droite AB en autant de parties égales qu'on voudra, par exemple, en cinq parties.*

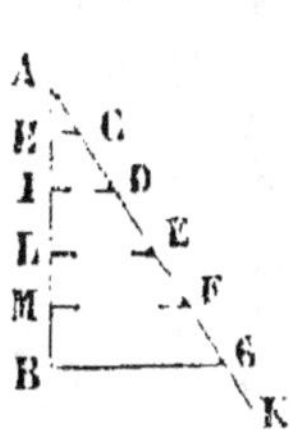

On mène du point A une droite indéfinie AK, sur laquelle, avec une ouverture de compas quelconque, on prend cinq longueurs égales, AC, CD, etc.; on joint le dernier point de division G et le point B, et par tous les autres points de division on mène des parallèles CH, etc., à GB; ces parallèles partageront AB en cinq parties égales, aux points H, I, L, etc.

PR. 21. — *Diviser une droite AB en parties proportionnelles, à trois droites données, M, N, P.*

On tire du point A une droite indéfinie AK ; sur cette droite, on prend AC=M, CD=N, DE=P ; on joint le point E au point B, et par les points C et D on mène des parallèles à BE. La droite AB se trouve divisée, aux points F et G, en parties AF, FG, GB, proportionnelles à AC, CD, DE, ou à M, N, P (53, coroll. 2).

PR. 22. — *Trouver une quatrième proportionnelle à trois droites M, N, P.*

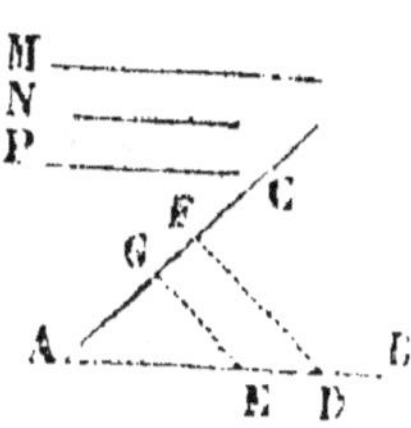

On trace un angle quelconque CAB; sur AB, on prend AD=M et AE=N; sur AC, on prend AF=P; on tire FD, et par le point E on mène EG parallèle à FD. AG sera la quatrième proportionnelle demandée ; car on a :

$$AD : AE :: AF : AG,$$

ou $$M : N :: P : AG.$$

Pr. 23. — *Trouver une moyenne proportionnelle entre deux droites données M , N.*

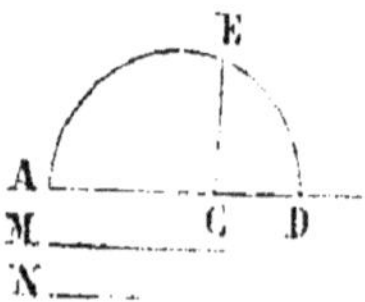

Sur une droite indéfinie , on prend AC=M et CD=N ; puis, sur AD comme diamètre , on décrit une demi-circonférence au point C ; on élève à AD une perpendiculaire, et CE est la moyenne proportionnelle demandée (59, coroll. 2).

Pr. 24. — *Diviser une droite AB en moyenne et extrême raison, c'est-à-dire la diviser en deux segments tels que la ligne entière soit au plus grand segment comme ce segment est à l'autre.*

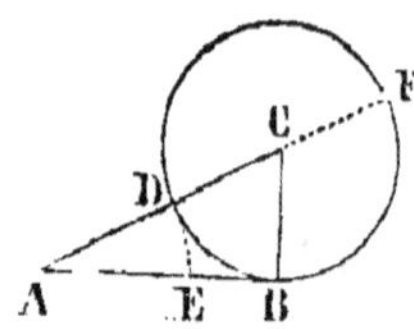

On élève au point B une perpendiculaire à AB, égale à la moitié de cette droite ; du point C comme centre on décrit une circonférence , et du point A on mène une sécante AF qui passe par le point C ; on prend AE=AD ; le point E détermine les deux segments demandés.

En effet , on a $\qquad$ AF : AB :: AB : AD (62) ;

d'où l'on tire $\qquad$ (AF—AB) : AB :: (AB—AD) : AD.

Or, AF—AB=AF—DF=AD=AE, AB—AD=AB—AE=EB.

Substituant ces valeurs dans la seconde proportion , il vient :

$$AE : AB :: EB : AE,$$

ou $\qquad$ AB : AE :: AE : ED.

Pr. 25. — *Sur une droite donnée, construire un triangle semblable à un triangle donné.*

Aux extrémités de la droite, on fait deux angles égaux à deux angles du triangle donné ; le triangle qui en résulte satisfait à la question (55, coroll. 1).

Pr. 26. — *Sur une droite donnée* ab, *construire un polygone semblable à un polygone donné ABCDE.*

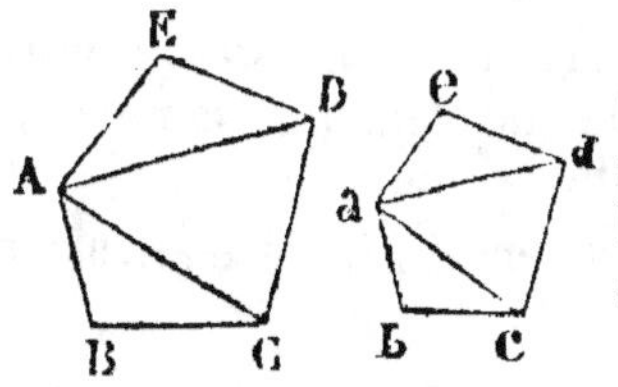

On partage le polygone donné en triangles; sur la droite donnée, on construit un triangle *abc* semblable au triangle ABC; puis, sur *ac*, on construit le triangle *acd* semblable à ACD; enfin, sur *ad*,
on construit le triangle *ade* semblable à ADE, et le polygone *abcde* satisfait à la question (63).

Pr. 27. — *Faire un carré équivalent à un parallélogramme ou à un triangle donné.*

Soit b la base, et h la hauteur du rectangle ou du triangle, et x le côté du carré demandé. Il faut qu'on ait :

$$x^2 = bh, \text{ ou } x^2 = \tfrac{1}{2} bh,$$

égalités qui donnent les proportions

$$b : x :: x : h, \text{ ou } b : x :: x : \tfrac{1}{2}h.$$

Donc, le côté du carré est une moyenne proportionnelle entre la base et la hauteur du parallélogramme, ou entre la base et la demi-hauteur du triangle.

Pr. 28. — *Faire sur une droite donnée un parallélogramme équivalent à un parallélogramme donné.*

Il suffit de connaître la hauteur du parallélogramme demandé. Soit b la droite donnée, h la hauteur cherchée, b', h' la base et la hauteur du parallélogramme donné. Il faut qu'on ait $bh = b'h'$, ce qui donne la proportion

$$b : b' :: h' : h.$$

Donc, la hauteur cherchée est une quatrième proportionnelle à b, b', h'.

Pr. 29. — *Faire un carré équivalent à la somme de deux carrés donnés.*

On construit un triangle rectangle dont les cathètes soient les côtés des carrés donnés; l'hypothénuse sera le côté du carré demandé.

Pr. 30. — *Faire un carré équivalent à la somme de plusieurs carrés donnés.*

On cherche le carré équivalent à la somme des deux premiers carrés donnés ; puis, le carré équivalent à la somme du carré trouvé et du troisième, et ainsi de suite.

Il est facile, par ce moyen, de trouver un carré équivalent au double, au triple, etc., d'un autre.

Pr. 31. — *Faire un carré équivalent à la différence de deux carrés donnés.*

On construit un triangle rectangle dont l'hypothénuse et l'un des côtés de l'angle droit soient égaux aux côtés des carrés donnés. Le carré fait sur l'autre côté sera le carré demandé.

Pr. 32. — *Construire un triangle équivalent à un polygone donné ABCDE.*

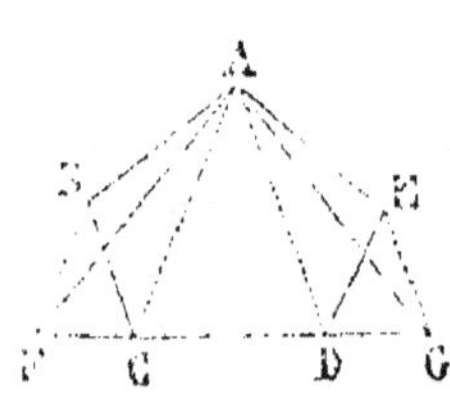

D'un sommet A, on mène des diagonales AC, AD ; du point B, on mène une parallèle à AC. Le triangle ABC est équivalent au triangle FAC, comme ayant même base et même hauteur. Du point E, on mène une parallèle à AD, et l'on a un autre triangle ADG équivalent à ADE. Le triangle FAG est donc équivalent au polygone donné.

Pr. 33. — *Deux polygones semblables M, m étant donnés, construire un polygone semblable, égal à leur somme ou à leur différence.*

1° On construit un triangle rectangle dont les cathètes soient deux côtés homologues de M et m ; l'hypothénuse sera le côté homologue du polygone demandé. En effet, soient C, c les côtés homologues des polygones M, m donnés, P le polygone demandé et c' son côté,

on a

$$M : m :: C^2 : c^2;$$

d'où,

$$(M+m) : M :: (C^2+c^2) : C^2,$$

ou bien,

$$(M+m) : M :: C'^2 : C^2.$$

Or, P étant semblable à M, on a aussi

$$P : M :: C'^2 : C^2.$$

Donc,
$$P = M + m.$$

2° On construit un triangle rectangle dont le C soit l'hypothénuse et c un côté de l'angle droit ; le troisième côté sera le côté homologue du polygone demandé.

La démonstration est la même que dans 1°.

PR. 34. — *Faire un cercle égal à la somme ou à la différence de deux cercles donnés.*

Soient R, r les rayons des cercles donnés, et x le rayon du cercle cherché, on doit avoir :

$$\pi\, x^2 = \pi\, R^2 + \pi\, r^2,$$

ou
$$\pi\, x^2 = \pi\, R^2 - \pi\, r^2.$$

Divisant ces équations par π, il vient :

$$x^2 = R^2 + r^2,$$

ou
$$x^2 = R'^2 - r^2,$$

et l'on tombe dans les problèmes 29 et 31.

PR. 35. — *Trouver le rapport approché de la circonférence au diamètre, ou la valeur de π.*

Avant de résoudre ce problème, quelques considérations préliminaires doivent être faites.

Une ligne courbe est convexe quand la tangente en tout point laisse la courbe d'un même côté.

La circonférence est une ligne courbe convexe.

Toute courbe convexe AE enveloppée est plus courte que toute ligne enveloppante, parce qu'on ne peut trouver parmi les enveloppantes une ligne plus courte que toutes les autres.

En effet, si la ligne ACDE était supposée la plus courte, on voit qu'en tirant une droite MN qui la coupe sans entrer dans l'espace compris par la courbe, l'enveloppante AMNE est plus courte que ACDE. Cela posé :

Si l'on inscrit et si l'on circonscrit successivement à une circonférence des polygones réguliers dont on double le nombre des côtés, la circonférence sera plus grande que le périmètre des polygones inscrits, puisque chaque côté de ceux-ci est moindre que l'arc sous-tendu, et elle sera plus petite que le périmètre des polygones inscrits d'après ce qui précède. Ainsi, la circonférence est constamment comprise entre les périmètres des polygones inscrits et circonscrits. Il est facile de voir que les périmètres des polygones inscrits augmentent, et que ceux des polygones circonscrits diminuent à mesure que l'on double le nombre des côtés. De plus, la différence entre les périmètres des polygones semblables diminue de plus en plus et peut devenir moindre que toute quantité donnée ; car, en désignant par P et p les périmètres, par R l'apothème du polygone circonscrit ou le rayon du cercle, et par a l'apothème du polygone inscrit, on a (66) :

$$P : p :: R : a, \text{ ou } P-p : P :: R-a : R ;$$

d'où l'on tire :

$$P-p = \frac{P \times (R-a)}{R} ,$$

fraction qui converge vers zéro ; car, P et R restent finis, tandis que $(R-a)$ peut devenir moindre que toute quantité donnée (52). Donc, les nombres qui représentent les périmètres des polygones semblables inscrits ou circonscrits auront d'autant plus de chiffres communs que les polygones ont de côtés. Mais comme la circonférence diffère moins de chaque périmètre qu'ils ne diffèrent entr'eux, si l'on prend pour la longueur de la circonférence la partie commune dans les longueurs des périmètres, on commettra une erreur qui pourra devenir moindre que toute quantité donnée. En divisant le nombre trouvé par la longueur du diamètre, on aura au quotient la valeur de π.

Il s'agit donc de connaître les longueurs des périmètres. Cela est facile au moyen de deux formules qui donnent, l'une le côté du polygone inscrit en fonction de celui du polygone qui a deux fois moins de côtés, et l'autre le côté du polygone circonscrit en fonction de celui du polygone semblable inscrit. Ces côtés étant connus, en les multipliant par le nombre de côtés du polygone, on aura le périmètre.

Cherchons la première formule.

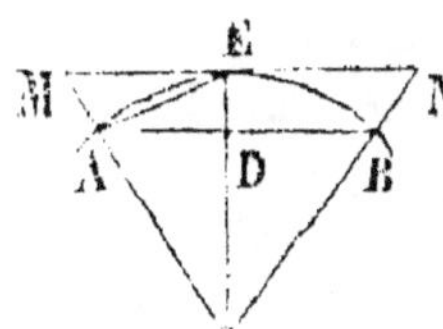

Soit c' le côté cherché AE, c le côté connu AB, et par suite $\frac{1}{2} c$ sa moitié AD, r les rayons AO, EO.

Les triangles rectangles AED, ADO donnent :

$$c'^2 = \tfrac{1}{4} c^2 + (r - OD)^2 = \tfrac{1}{4} c^2 + r^2 + \overline{OD}^2 - 2r \times OD,$$
$$\overline{OD}^2 = r^2 - \tfrac{1}{4} c^2 ;$$

d'où, $OD = \sqrt{r^2 - \tfrac{1}{4} c^2} = \sqrt{\dfrac{4\, r^2 - c^2}{4}} = \tfrac{1}{2} \sqrt{4\, r^2 - c^2}.$

Substituant ces valeurs dans l'expression de c'^2, il vient, toute réduction faite,

$$c'^2 = r(2r - \sqrt{4\, r^2 - c^2}); \text{ d'où, } c' = \sqrt{r(2r - \sqrt{4\, r^2 - c^2})}.$$

Cherchons maintenant la seconde formule.

Soit C le côté cherché MN, c le côté connu AB.

Les triangles semblables OMN, OAB donnent :

$$C : c :: r : OD, \text{ ou } C : c :: r : \tfrac{1}{2} \sqrt{4\, r^2 - c^2} ;$$

d'où l'on tire

$$C = \frac{2\, c\, r}{\sqrt{4 r^2 - c^2}}$$

Application numérique. — Supposons le rayon du cercle égal à l'unité, et partons de l'hexagone inscrit dont le côté est égal au rayon, ou $c = 1$; son périmètre sera 6 ; le côté de l'hexagone inscrit sera

$$C = \frac{2}{\sqrt{3}}, \text{ et par suite le périmètre sera } \frac{12}{\sqrt{3}} \text{ ou } 6, 9.$$

En substituant la valeur de c dans la première formule, on aura le côté du dodécagone inscrit, et en substituant à son tour la valeur du côté du dodécagone dans la deuxième formule, on aura le côté du dodécagone circonscrit. On obtiendra de la même manière les côtés des polygones inscrits et circonscrits de vingt-quatre côtés, et ainsi de suite. Les périmètres auront les valeurs données dans le tableau suivant, où nous nous sommes arrêtés au premier chiffre décimal qui diffère.

Nombre de côtés.	Périmèt. des polyg. inscrits.	Périmèt. des polyg. circ.
6	6	6, 9
12	6, 2	6, 4
24	6, 2	6, 3
48	6, 27	6, 29
96	6, 282	6, 285
192	6, 282	6, 283
384	6, 2831	6, 2833
768	6, 2831	6, 2832
1536	6, 28318	6, 28319
3072	6, 283184	6, 283187
6144	6, 2831850	6, 2831858
12288	6, 2831852	6, 2831854

Si l'on s'arrête au polygone de 12288 côtés, la circonférence sera comprise entre 6, 2831852 et 6, 2831854. Par suite, le rapport de la circonférence au diamètre, qui dans le cas actuel est 2, sera compris entre $\dfrac{6, 2831852}{2}$, ou 3, 1415926, et $\dfrac{6, 2831854}{2}$ ou 3, 1415927; et l'on aura ainsi $\pi = 3$, 1415926, à moins d'une unité du 7e ordre décimal.

Note sur la Symétrie.

Deux points A et A' sont *symétriques* par rapport à un point M, quand ce point est le milieu de la droite que joint A et A'.

Deux figures (systèmes de points, lignes, surfaces ou solides) sont symétriques par rapport à un point, quand chaque point de l'une a dans l'autre son symétrique par rapport au même point, nommé *centre de symétrie* des deux figures.

Deux points sont symétriques par rapport à une droite, quand cette droite est perpendiculaire au milieu de la ligne qui joint ces points.

Deux figures sont symétriques par rapport à une droite, si chacun des points de l'une a dans l'autre son symétrique par rapport à cette droite, appelée *axe de symétrie* des deux figures.

Deux points sont symétriques par rapport à un plan, si le plan est perpendiculaire au milieu de la droite qui joint ces points.

Deux figures (système de points, lignes, surfaces, solides) sont symétriques par rapport à un plan, si chaque point de l'une des figures a dans l'autre son symétrique par rapport à ce plan, appelé *plan de symétrie*.

FIN DE LA GÉOMÉTRIE.

TRIGONOMÉTRIE.

—

1. La TRIGONOMÉTRIE *est la partie des mathématiques qui traite de la résolution des triangles.*

NOTIONS GÉNÉRALES.

2. Résoudre un triangle, c'est trouver par le calcul la valeur de ses angles et de ses côtés.

3. Les valeurs des angles sont exprimées en degrés, et celle des côtés sont évaluées en nombre qui représentent leurs longueurs.

Nous supposerons le rayon du cercle égal à l'unité.

Pour la mesure des angles, nous adopterons la division sexagésimale de la circonférence; nous représenterons la demi-circonférence ou deux angles droits par π, et le quart de la circonférence ou l'angle droit par $\frac{\pi}{2}$.

Dans le langage ordinaire, on confond l'angle avec l'arc qui le mesure.

4. On distingue des arcs *positifs* et des arcs *négatifs*. Pour en avoir une idée nette, supposons, sur une circonférence, un mobile M partant du point A et tournant dans le sens de AB; les arcs qu'il décrira seront regardés comme *positifs*. Si le mobile tourne dans le sens contraire AB', les arcs seront *négatifs*. Les arcs positifs sont désignés par le signe +, et les arcs négatifs par le signe —.

5. Les arcs qu'on considère en trigonométrie peuvent avoir une grandeur quelconque, depuis zéro jusqu'à un nombre infini de circonférences.

Le complément d'un angle est ce qui reste en le retranchant d'un angle droit, et le supplément d'un angle est ce qui reste en le retranchant de deux angles droits. Le complément et le supplément peuvent être négatifs.

6. La difficulté d'établir les relations qui existent entre les angles et les côtés d'un triangle, a fait substituer aux angles des droites qui en dépendent de telle sorte qu'elles soient déterminées quand l'angle est connu ; ces droites portent le nom de *lignes trigonométriques* ou *fonctions circulaires*.

CHAPITRE PREMIER.

—

THÉORIE DES FONCTIONS CIRCULAIRES

—

ARTICLE 1er — *Lignes Trigonométriques.*

7. Le *sinus* d'un arc est la perpendiculaire abaissée d'une extrémité de cet arc sur le diamètre qui passe par l'autre extrémité. Exemple. Soit AM un arc que nous désignerons par a ; le sinus de cet arc ou sin a est MP.

La *tangente* d'un arc est la partie de la tangente indéfinie menée à l'une des extrémités de l'arc et terminée au prolongement du rayon qui passe à l'autre extrémité. Exemple. Tang a—AT.

La *sécante* d'un arc est la distance du centre à l'extrémité de la tangente. Exemple. Séc a=OT.

Le *cosinus* d'un arc est le sinus de son complément. Exemple. Le complément de l'arc a est MB, dont le sinus est MQ, ou son égal OP. Donc, MQ $=$ OP $=\cos a$.

La *cotangente* d'un arc est la tangente de son complément. Exemple. BS $=\cot a$.

La *cosécante* d'un arc est la sécante de son complément. Exemple. OS $=\cos a$.

De ces définitions résultent les égalités suivantes :

$$(1) \qquad \cos a = \sin \left(\frac{\pi}{2} - a\right), \quad \text{ou} \quad \sin a = \cos \left(\frac{\pi}{2} - a\right)$$

$$(2) \qquad \cot a = \tang \left(\frac{\pi}{2} - a\right), \quad \text{ou} \quad \tang a = \cot \left(\frac{\pi}{2} - a\right)$$

$$(3) \qquad \cosec a = \sec \left(\frac{\pi}{2} - a\right), \quad \text{ou} \quad \sec a = \cosec \left(\frac{\pi}{2} - a\right)$$

SIGNES DES LIGNES TRIGONOMÉTRIQUES.

8. Les lignes trigonométriques peuvent être *positives* ou *négatives*. Si nous regardons le point A comme origine des arcs :

Le sinus est positif quand il tombe au-dessus du diamètre AA', et négatif quand il tombe au-dessous.

Le cosinus est positif quand il tombe à droite du diamètre BB' perpendiculaire à AA', et négatif quand il tombe à gauche.

La tangente est positive quand elle tombe au-dessus du diamètre AA', et négative quand elle tombe au-dessous.

La cotangente est positive quand elle tombe à droite du diamètre BB', et négative quand elle est à gauche.

La sécante est positive quand la fin de l'arc se trouve entre le centre et l'extrémité de la tangente ; elle est négative dans le cas contraire.

La cosécante est positive quand la fin de l'arc se trouve entre le centre et l'extrémité de la cotangente ; elle est négative dans le cas contraire.

Exemple. L'arc AM a toutes ses lignes trigonométriques positives.

L'arc AM' a : le sinus M'P' positif, la tangente AT' négative, la sécante OT" négative, le cosinus OP' négatif, la cotangente BS' négative, la cosécante OS' positive.

L'arc AM" a : le sinus M"P' négatif, la tangente AT positive, la sécante OT négative, le cosinus OP' négatif, la cotangente BS positive, la cosécante OS négative.

L'arc AM''' a : le sinus M"P négatif, la tangente AT' négative, la sécante OT' positive, le cosinus OP positif, la cotangente BS' négative, la cosécante OS' négative.

VARIATIONS DES LIGNES TRIGONOMÉTRIQUES.

9. Nous allons voir ce que deviennent les lignes trigonométriques pour les différents arcs. (Même figure).

Arc $=o$. sinus $=o$, tangente $=o$, sécante $=1$, cosinus $=1$, cotangente $=\infty$, cosécante $=\infty$.

De o à $\frac{\pi}{2}$, le sinus, la tangente et la sécante augmentent ; le cosinus, la cotangente et la cosécante diminuent.

Arc $=\frac{\pi}{2}$. sinus $=1$, tangente $=\infty$, sécante $=\infty$, cosinus $=o$, cotangente $=o$, cosécante $=1$.

De $\frac{\pi}{2}$ à π, le sinus diminue ; la tangente et la sécante diminuent négativement ; la cosécante augmente ; le cosinus et la cotangente augmentent négativement.

Arc $=\pi$. sinus $=o$, tangente $=o$, sécante $=-1$, cosinus $=-1$, cotangente $=-\infty$, cosécante $=-\infty$.

Nous laissons au lecteur le soin de suivre les variations des lignes trigonométriques pour les arcs plus grands.

10. A la seule inspection de la figure ci-dessus on voit que :

1° Si l'on ajoute à un arc un nombre quelconque de circonférences, on reviendra au point d'où l'on était parti, et les lignes trigonométriques ne subiront pas de modification.

2° Si l'on ajoute à un arc une demi-circonférence ou un nombre impair de demi-circonférences, on passe d'un point au point diamétralement opposé, et les sinus, cosinus, sécante et cosécante auront des valeurs égales, mais de signes contraires,

3o Deux arcs égaux et de signe contraire ont leurs cosinus égaux et leurs sinus égaux et de signe contraire. Il nous paraît inutile de parler des autres lignes. L'on a donc :

(1) $\qquad \cos(-a) = \cos a, \quad \sin(-a) = -\sin a.$

4o Deux arcs supplémentaires ont leurs sinus égaux et leurs cosinus égaux et de signes contraires. Ainsi, l'on a :

(2) $\qquad \sin(\pi-a) = \sin a, \quad \cos(\pi-a) = -\cos a.$

Il résulte de ce qui vient d'être dit qu'à un même arc répond toujours une valeur de chaque ligne trigonométrique et une seule. La réciproque n'est pas vraie, vu qu'à une même ligne répondent une infinité d'arcs. En représentant par k un nombre quelconque positif ou négatif, même zéro, on a, pour les arcs correspondants à un même sinus et à un même cosinus, appelés *fonctions inverses* des sinus ou cosinus, les formules suivantes :

(3) Arc $\sin a = 2k\pi + a = (2k+1)\pi - a$, arc $\cos a = 2k\pi \pm a.$

ARTICLE 2. — *Relations des Lignes trigonométriques entr'elles.*

11. Pour calculer immédiatement dans toute leur généralité les formules qui donnent les relations entre les lignes trigonométriques, nous ferons usage de la méthode des projections.

Nous allons d'abord expliquer cette méthode.

La *projection* d'une droite sur une autre est la portion de celle-ci comprise entre les perpendiculaires abaissées des extrémités de celle-là.

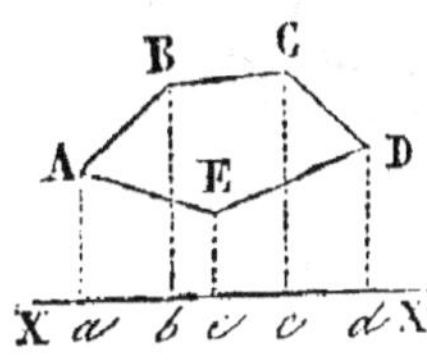

Supposons qu'un mobile aille du point A au point D d'un polygone fermé ABCDE, en parcourant la ligne brisée ABCD ou la ligne brisée AED ; il est évident que les projections des deux chemins sur une même droite XX' sont égales.

De même, si le mobile va du point A au point C, les projections des deux chemins ABC, AEDC sont encore égales, si l'on regarde comme positives les projections des parties parcourues en allant de droite à gauche, et comme négatives celles des parties parcourues de gauche à droite.

On peut donc dire en général que , quels que soient les chemins parcourus pour aller d'un point à un autre , la somme algébrique des projections est toujours la même.

Il résulte de là que lorsque le mobile revient au point de départ, la somme algébrique des projections est nulle.

12. Toute projection est égale à la ligne projetée , multipliée par le cosinus de l'angle qu'elle fait avec l'axe.

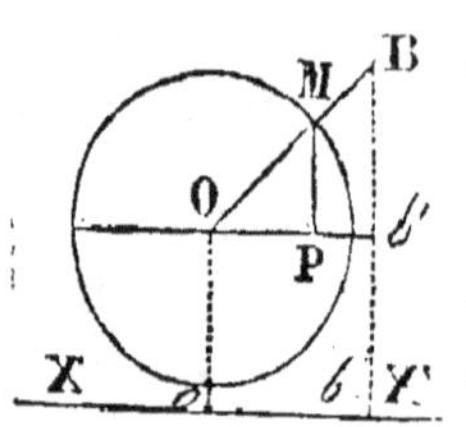

En effet , soit ob la projection d'une droite OB sur l'axe XX'. Menons par le point O une parallèle Ob' à l'axe; il viendra O$b'=ob$ (géom. 27). Cela posé , du point O, avec un rayon égal à l'unité , traçons une circonférence ; abaissons du point d'intersection M la perpendiculaire MP; OP sera le cosinus de l'angle que nous désignerons par a, formé par la droite projetée et l'axe. La similitude des triangles OBb', OMP donne :

$$O b' : \cos a :: OB : 1 ; \text{ d'où l'on tire}$$

$$O b' \text{ ou pr OB} = \overline{OB} \cos a. \quad (^\star)$$

Comme deux droites font toujours deux angles différents , à moins qu'elles ne soient perpendiculaires , il n'y aura jamais d'équivoque si l'on convient de placer le sommet au point de départ du mobile , et de prendre l'angle de la ligne qu'il parcourt avec la partie de l'axe située à droite du sommet. De cette manière, les cosinus donneront d'eux-mêmes leurs signes aux projections.

13. Cherchons maintenant les relations entre les lignes trigonométriques (fig. du n° 7).

Le sinus d'un angle a, le cosinus et le rayon, forment un triangle rectangle , dont le rayon est l'hypothénuse. Ainsi, l'on a :

$$(1) \qquad\qquad \sin^2 a + \cos^2 a = 1.$$

Le rayon OA est la projection de la sécante. Donc ,

$$1 = \sec a \cos a , \text{ ou}$$

$$(2) \qquad\qquad \sec a = \frac{1}{\cos a}$$

pr signifie projection.

La tangente AT est la projection de la sécante sur sa direction. On a donc :

$$\tang a = \sec a \, \cos\left(\frac{\pi}{2} - a\right)$$

ou, en observant que $\sec a = \dfrac{1}{\cos a}$ et $\cos\left(\dfrac{\pi}{2} - a\right) = \sin a$,

$$(3) \qquad\qquad \tang a = \frac{\sin a}{\cos a}$$

Si dans ces formules on fait $a = \dfrac{\pi}{2} - a$, on a :

$$\sec\left(\frac{\pi}{2} - a\right) = \frac{1}{\cos\left(\dfrac{\pi}{2} - a\right)}, \text{ ou bien}$$

$$(4) \qquad\qquad \text{Coséc } a = \frac{1}{\sin a}$$

De même, puisque $\tang\left(\dfrac{\pi}{2} - a\right) = \dfrac{\sin\left(\dfrac{\pi}{2} - a\right)}{\cos\left(\dfrac{\pi}{2} - a\right)}$, on a :

$$(5) \qquad\qquad \text{Cot } a = \frac{\cos a}{\sin a}$$

On a ainsi 5 équations entre 6 lignes trigonométriques d'un même arc ; par conséquent, il suffira de connaître une seule ligne trigonométrique pour avoir toutes les autres.

14. En combinant entr'elles les formules du numéro précédent, on en obtient beaucoup d'autres. Par exemple, en multipliant terme à terme (3) et (5), on trouve :

$$(1) \qquad\qquad \text{Tang } a \cot a = 1$$

De (2) et (4), on tire : $\cos a = \dfrac{1}{\sec a}$, $\sin a = \dfrac{1}{\cosec a}$.

Elevant au carré ces deux équations et les ajoutant membre à membre, on a, d'après (1) :

$$(2) \qquad \frac{1}{\sec^2 a} + \frac{1}{\csc^2 a} = 1.$$

Si l'on retranche (3) de (2), après les avoir élevées au carré, on trouve :

$$\sec^2 a - \tan^2 a = \frac{1}{\cos^2 a} - \frac{\sin^2 a}{\cos^2 a} = \frac{1 - \sin^2 a}{\cos^2 a} = \frac{\cos^2 a}{\cos^2 a} = 1 \; ; \text{ d'où,}$$

$$(3) \qquad \sec^2 a = 1 + \tan^2 a.$$

Formules diverses.

ADDITION ET SOUSTRACTION DES ARCS.

15. Étant donnés le sinus et le cosinus de deux arcs, trouver le sinus et le cosinus de leur somme et de leur différence.

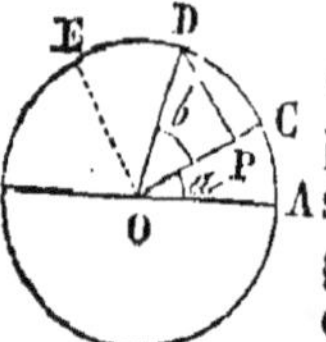

Soient a et b les arcs donnés. Portons l'arc a, à partir du point A, dans le sens de son signe ; portons à la suite l'arc b dans le sens de son signe, et sur le rayon CO faisons en O un angle droit dans le sens direct ; enfin, abaissons du point D la perpendiculaire DP sur CO, et observons que DP fait avec OA le même angle que sa parallèle EO.

On peut aller du point O au point C, en prenant le chemin OD ou le chemin OP, PD. Les projections de ces deux chemins sur le diamètre qui passe par le point A, sont égales (11). Ainsi,

pr OD = pr(OP + PD). Or, pr OD = $\cos(a+b)$; pr OP = $\cos b \cos a$;

pr PD = $\sin b \cos\left(\dfrac{\pi}{2} + a\right) = \sin b \sin(-a) = -\sin a \sin b$. Donc,

$$(1) \qquad \cos(a+b) = \cos a \cos b - \sin a \sin b.$$

Pour obtenir $\cos(a-b)$, on fait dans cette formule $b = -b$, et il vient :

$$(2) \qquad \cos(a-b) = \cos a \cos b + \sin a \sin b.$$

On déduit de ces formules celles de $\sin(a+b)$ et $\sin(a-b)$ de la manière suivante :

$$\sin(a+b) = \cos\left(\frac{\pi}{2} - a - b\right) = \cos\left\{\left(\frac{\pi}{2} - a\right) - b.\right.$$

Or, d'après la formule (2) on a :

$$\cos\left\{\left(\frac{\pi}{2}-a\right)-b\right\}=\cos\left(\frac{\pi}{2}-a\right)\cos b+\sin\left(\frac{\pi}{2}-a\right)\sin b$$

$$=\sin a\cos b+\cos a\sin b.$$

(3) Donc, $\qquad \sin(a+b)=\sin a\cos b+\cos a\sin b.$

On aurait de la même manière :

(4) $\qquad \sin(a-b)=\sin a\cos b-\cos a\sin b.$

De ces formules, nous allons tirer toutes celles qui suivent.

16. Trouver la tangente de la somme et de la différence de deux arcs.

$$\tang(a+b)=\frac{\sin(a+b)}{\cos(a+b)}=\frac{\sin a\cos b+\cos a\sin b}{\cos a\cos b-\sin a\sin b}$$

$$=\frac{\dfrac{\sin a\cos b}{\cos a\cos b}+\dfrac{\cos a\sin b}{\cos a\cos b}}{\dfrac{\cos a\cos b}{\cos a\cos b}-\dfrac{\sin a\sin b}{\cos a\cos b}}=\frac{\tang a+\tang b}{1-\tang a\tang b}.$$

Ainsi,

(1) $\qquad \tang(a+b)=\dfrac{\tang a+\tang b}{1-\tang a\tang b}$

On aurait de même

(2) $\qquad \tang(a-b)=\dfrac{\tang a-\tang b}{1+\tang a\tang b}.$

MULTIPLICATION DES ARCS.

17. Étant donné l'arc a, trouver le sinus, le cosinus et la tangente des arcs $2a$, $3a$, etc.

Les formules (1), (3) du n° 15, et (1) du n° 16, en supposant b égal à a, donnent :

(1) $\qquad \sin 2a=2\sin a\cos a,$

(2) $\qquad \cos 2a=\cos^2 a-\sin^2 a,$

(3) $\qquad \tang 2a=\dfrac{2\tang a}{1-\tang^2 a}.$

18. Pour avoir les sinus, cosinus , tangentes de l'arc $3a$, on fait dans les mêmes formules $b=2a$, et il vient :

$$\sin 3a = \sin a \cos 2a + \cos a \sin 2a, \quad \cos 3a = \cos a \cos 2a - \sin a \sin 2a$$

$$\tan 3a = \frac{\tan a + \tan 2a}{1 - \tan a \tan 2a}.$$ Ou mieux, en remplaçant $\sin 2a$, $\cos 2a$, $\tan 2a$, par leurs valeurs tirées des formules précédentes,

$$(1) \qquad \sin 3a = 3 \sin a - 4 \sin^3 a,$$

$$(2) \qquad \cos 3a = 4 \cos^3 a - 3 \cos a,$$

$$(3) \qquad \tan 3a = \frac{\tan^3 a - 3 \tan a}{3 \tan^2 a - 1}$$

On aurait de la même manière les sinus, cosinus, tangentes des arcs $4a$, $5a$, etc., en fonction des multiples inférieurs, et par l'élimination, en fonction de l'arc simple.

DIVISION DES ARCS.

19. Etant donné l'arc a, trouver les sinus, cosinus, tangente de la moitié de cet arc.

La formule (2) du n° 17, en faisant $a = \frac{1}{2} a$, donne :

$$\cos a = \cos^2 \tfrac{1}{2} a - \sin^2 \tfrac{1}{2} a.$$

Cette équation, comparée à (1) du n° 13, $\cos^2 \tfrac{1}{2} a + \sin^2 \tfrac{1}{2} a = 1$, donne, par l'élimination de $\sin^2 \tfrac{1}{2} a$ ou de $\cos^2 \tfrac{1}{2} a$,

$$(1) \qquad \sin \tfrac{1}{2} a = \pm \sqrt{\frac{1 - \cos a}{2}},$$

$$(2) \qquad \cos \tfrac{1}{2} a = \pm \sqrt{\frac{1 + \cos a}{2}},$$

$$(3) \qquad \tan \tfrac{1}{2} a = \frac{\sin \tfrac{1}{2} a}{\cos \tfrac{1}{2} a} = \pm \sqrt{\frac{1 - \cos a}{1 + \cos a}}.$$

N. B. Expliquons les doubles valeurs. Comme aucune hypothèse particulière n'a été introduite sur la grandeur de a, tous les arcs compris dans la formule $2k\pi \pm a$ répondent à $\cos a$; par suite, l'arc $\tfrac{1}{2} a$ peut avoir une infinité de valeurs comprises dans la formule $k\pi \pm \tfrac{1}{2} a$. Ces arcs s'obtiennent en ajoutant ou en retranchant des demi-circonférences à un même arc positif ou négatif, et se terminent, comme il est aisé de le voir, en 4 points de la circonférence diamétralement opposés, où les sinus, cosinus, tangentes ont des valeurs absolues égales, mais de signes égaux ou contraires.

20. Plusieurs des formules ci-dessus n'étant pas directement calculables par les logarithmes, nous allons indiquer quelques-unes des transformations qu'on leur fait subir pour qu'elles le deviennent.

En combinant les formules (1), (2), (3), (4), du n° 15 par addition et par soustraction, on a :

$$\sin (a+b)+\sin (a-b)=2 \sin a \cos b,$$
$$\sin (a+b)-\sin (a-b)=2 \cos a \sin b,$$
$$\cos (a-b)+\cos (a+b)=2 \cos a \cos b,$$
$$\cos (a-b)-\cos (a+b)=2 \sin a \sin b.$$

Si l'on fait $a+b=p$, $a-b=q$, d'où $a=\frac{1}{2}(p+q)$, $b=\frac{1}{2}(p-q)$, ces formules deviennent :

(1) $\qquad \sin p+\sin q=2 \sin \frac{1}{2}(p+q) \cos \frac{1}{2}(p-q),$

(2) $\qquad \sin p-\sin q=2 \cos \frac{1}{2}(p+q) \sin \frac{1}{2}(p-q),$

(3) $\qquad \cos q+\cos p=2 \cos \frac{1}{2}(p+q) \cos \frac{1}{2}(p-q),$

(4) $\qquad \cos q-\cos p=2 \sin \frac{1}{2}(p+q) \sin \frac{1}{2}(p-q).$

Enfin, de ces dernières formules, on peut tirer par la division :

(5) $$\frac{\sin p+\sin q}{\sin p-\sin q}=\frac{2 \sin \frac{1}{2}(p+q) \cos \frac{1}{2}(p-q)}{2 \cos \frac{1}{2}(p+q) \sin \frac{1}{2}(p-q)}=\frac{\tang \frac{1}{2}(p+q)}{\tang \frac{1}{2}(p-q)}$$

(6) $$\frac{\sin p+\sin q}{\cos q+\cos p}=\frac{2 \sin \frac{1}{2}(p+q) \cos \frac{1}{2}(p-q)}{2 \cos \frac{1}{2}(p+q) \cos \frac{1}{2}(p-q)}=\tang \frac{1}{2}(p+q)$$

(7) $$\frac{\sin p+\sin q}{\cos q-\cos p}=\frac{2 \sin \frac{1}{2}(p+q) \cos \frac{1}{2}(p-q)}{2 \sin \frac{1}{2}(p+q) \sin \frac{1}{2}(p-q)}=\cot \frac{1}{2}(p-q)$$

(8) $$\frac{\sin p-\sin q}{\cos p+\cos q}=\frac{2 \cos \frac{1}{2}(p+q) \sin \frac{1}{2}(p-q)}{2 \cos \frac{1}{2}(p+q) \cos \frac{1}{2}(p-q)}=\tang \frac{1}{2}(p-q)$$

(9) $$\frac{\sin p-\sin q}{\cos q-\cos p}=\frac{2 \cos \frac{1}{2}(p+q) \sin \frac{1}{2}(p-q)}{2 \sin \frac{1}{2}(q+q) \sin \frac{1}{2}(p-q)}=\cot \frac{1}{2}(p+q)$$

(10) $$\frac{\cos p+\cos q}{\cos q-\cos p}=\frac{2 \cos \frac{1}{2}(p+q) \cos \frac{1}{2}(p-q)}{2 \sin \frac{1}{2}(p+q) \sin \frac{1}{2}(p-q)}=\frac{\cot \frac{1}{2}(p+q)}{\tang \frac{1}{2}(p-q)}$$

ARTICLE 3. — *Formation des Tables trigonométriques.*

21. Pour pouvoir faire entrer dans les calculs les différentes lignes trigonométriques, on a dû chercher leurs longueurs et former des tables au moyen desquelles on pût trouver immédiatement les lignes trigonométriques d'un même angle. Nous allons donner une idée de la construction de ces tables.

Les longueurs des lignes trigonométriques étant les mêmes dans les quatre quadrans, il suffit de calculer celles qui correspondent aux angles du premier quadrant.

On peut même calculer seulement celles des angles qui varient depuis 0 jusqu'à 45°, ou $\frac{\pi}{4}$; car de $\frac{\pi}{4}$ à $\frac{\pi}{2}$, on trouverait, pour les sinus, tangentes et sécantes, les valeurs déjà obtenues pour les cosinus, cotangentes, cosécantes, et réciproquement.

Si une des lignes trigonométriques est connue, on peut calculer les autres au moyen des formules du n° 13.

22. Cherchons d'abord le sinus d'un arc.

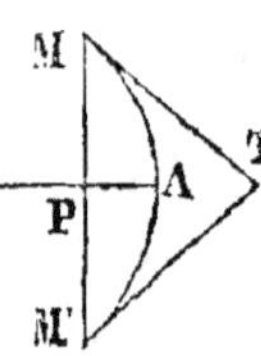

Sinus d'un arc très petit. — Soit AM un arc très petit que nous désignerons par a; prenons un arc AM'=AM; tirons la corde MM' et menons aux points M, M' les tangentes MT, M'T. L'arc MM' égalera $2a$, la corde MM' sera $2\sin a$, et la ligne brisée MTM' ne sera autre que $2\tang a$. Cela posé, on a :

$$2\tang a > 2a, \text{ et } 2a > 2\sin a,$$

ou bien $\qquad \tang a > a, \quad a > \sin a;$

d'où l'on tire (en observant que $\tang a = \dfrac{\sin a}{\cos a}$),

$$\frac{\sin a}{a} > \cos a, \quad 1 > \frac{\sin a}{a}, \text{ ou } 1 > \frac{\sin a}{a} > \cos a.$$

Si l'on fait diminuer a jusqu'à zéro, $\cos a$ converge vers l'unité. Le rapport du sinus à l'arc étant ainsi compris entre l'unité et une quantité qui en diffère d'aussi peu qu'on voudra, sera donc à la limite égal à l'unité.

Évaluons la différence qui existe entre l'arc et le sinus.

D'après le n° (17), on a :

$$\sin a = 2 \sin \tfrac{1}{2} a \cos \tfrac{1}{2} a = 2 \tan \tfrac{1}{2} a \cos^2 \tfrac{1}{2} a.$$

En remplaçant $\tan \tfrac{1}{2} a$ par une quantité plus petite $\tfrac{1}{2} a$, il vient :

$$\sin a > 2 . \tfrac{1}{2} a \cos^2 \tfrac{1}{2} a. \text{ Or, } 2 . \tfrac{1}{2} a \cos^2 \tfrac{1}{2} a = a (1 - \sin^2 \tfrac{1}{2} a),$$
$$\text{et } a (1 - \sin^2 \tfrac{1}{2} a) > a (1 - \tfrac{1}{4} a^2), \text{ ou } a - \tfrac{1}{4} a^3.$$

Donc, à plus forte raison, on a :

$$\sin a > a - \tfrac{1}{4} a^3, \text{ ou } a - \sin a < \tfrac{1}{4} a^3.$$

Ainsi, la différence entre l'arc et le sinus est moindre que le quart du cube de l'arc.

23. Cherchons maintenant les sinus et les cosinus des différents arcs.

Le sinus de l'arc 0 est 0, et le cosinus est 1.

Prenons un arc de 10", qui est égal à la 64800ᵉ partie de la demi-circonférence, puisque celle-ci contient 648000 secondes ; sa longueur sera $\dfrac{\pi}{64800}$ ou $0,000048481368110.....$ Si nous regardons cet arc comme égal à son sinus, l'erreur sera moindre qu'une unité du 13ᵉ ordre décimal, comme il est facile de le voir d'après ce qui précède. On aura donc :

$$\sin 10" = 0,00004848138681.$$

En substituant cette valeur dans la formule

$$\cos a = \sqrt{1 - \sin^2 a}, \text{ on aura encore}$$
$$\cos 10" = 0,9999999988248.$$

Ces deux valeurs étant connues, on pourra connaître $\sin 20"$, $\sin 30"$, etc.; $\cos 20"$, $\cos 30"$, au moyen des formules pour la multiplication des arcs n° 17 ; mais il est plus simple de les calculer comme il suit.

Les relations $\sin (a+b) + \sin (a-b) = 2 \sin a \cos b,$
$$\cos (a+b) + \cos (a-b) = 2 \cos a \cos b$$

donnent :

$$(1) \qquad \sin (a+b) = 2 \sin a \cos b - \sin (a-b),$$
$$(2) \qquad \cos (a+b) = 2 \cos a \cos b - \cos (a-b).$$

Faisons $\quad a = mb, \ b = 10", \ \sin 10" = \partial, \ \cos 10" = \gamma ;$

les relations (1) et (2) donneront :

$$(3) \qquad \sin (m+1)b = 2\,\delta \sin mb - \sin (m-1)\,b,$$
$$(4) \qquad \cos (m+1)\,b = 2\,\delta \cos mb - \cos (m-1)\,b.$$

Pour déduire de ces deux dernières formules les sinus et les cosinus des arcs de 20″, 30″, 40″, etc., il n'y aura qu'à donner successivement à m les valeurs 1, 2, 3, etc.

24. Comme dans cette suite d'opérations les erreurs peuvent se multiplier considérablement, on peut vérifier les résultats en calculant directement certains sinus et cosinus dont on a l'expression exacte, et un grand nombre d'autres au moyen de ceux-ci. Ainsi, le sinus de l'angle de 45° n'est autre que la moitié du côté carré inscrit, celui de l'angle de 30° est la moitié du côté de l'hexagone inscrit, etc.

L'emploi des logarithmes abrégeant beaucoup les calculs, on n'a mis dans les tables que les logarithmes des sinus, cosinus, tangente et cotangente.

Mais comme, en supposant le rayon égal à l'unité, les sinus et les cosinus seraient exprimés par des nombres décimaux moindres que l'unité dont les logarithmes seraient conséquemment négatifs, on a supposé le rayon du cercle égal à 10^{10}.

Il nous paraît inutile d'indiquer comment on fait usage des tables ; l'*instruction* qui les précède donne toujours la méthode pour s'en servir.

CHAPITRE DEUXIÈME.

—

Application de la théorie des fonctions circulaires à la résolution des triangles rectilignes.

—

ARTICLE 1er — *Principes pour la Résolution des Triangles.*

1° TRIANGLES RECTANGLES.

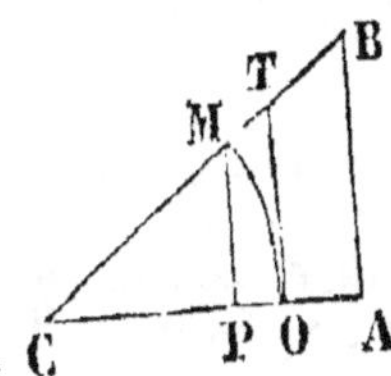

25. Soit le triangle rectangle ABC, dont nous représenterons les côtés par a, b, c, selon les angles auxquels ils sont opposés. Tirant avec un rayon CM, égal a l'unité, l'arc MO, et menant le sinus MP et la tang OT de cet arc, nous avons :

$$c : \sin C :: a : 1.$$

Observant que $\sin C = \cos B$, il résulte que :

(1) $$c = a \sin C = a \cos B.$$

On aurait de même $b = a \sin B = a \cos C$.

On a encore $c : \tang C :: b : 1$; d'où,

(2) $$c = b \tang C = b \cot B.$$

On aurait de même $b = c \tang B = c \cot C$.

2° TRIANGLES QUELCONQUES.

26. Les triangles ABD et BDC donnent, d'après (1) du n° 25,

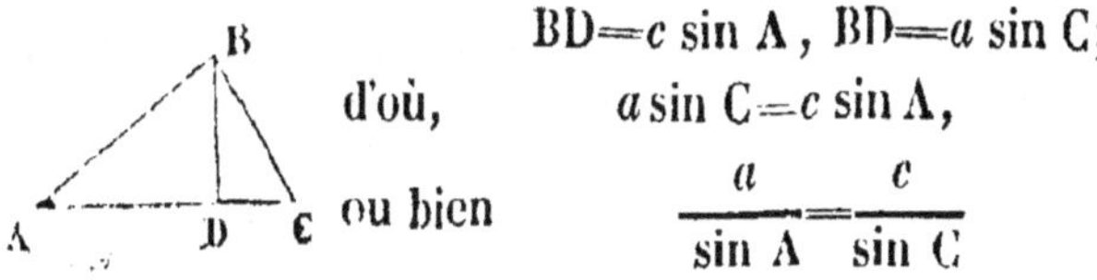

$$BD = c \sin A, \quad BD = a \sin C;$$

d'où, $$a \sin C = c \sin A,$$

ou bien $$\frac{a}{\sin A} = \frac{c}{\sin C}$$

On aurait de même $\dfrac{a}{\sin A} = \dfrac{b}{\sin B}$, ce qui donne les relations,

$$(1) \qquad \frac{a}{\sin A} = \frac{b}{\sin B} = \frac{c}{\sin C}$$

SCHOLIE. — Ces égalités donnent la proportion $a : b :: \sin A : \sin B$. On en tire

$$a+b : a-b :: \sin A + \sin B : \sin A - \sin B.$$

Mais on a (5) du n° 20.

$$(2) \quad \sin A + \sin B : \sin A - \sin B :: \operatorname{tang} \tfrac{1}{2}(A+B) : \operatorname{tang} \tfrac{1}{2}(A-B).$$

Donc, $\qquad a+b : a-b :: \operatorname{tang} \tfrac{1}{2}(A+B) : \operatorname{tang} \tfrac{1}{2}(A-B).$

27. On aurait encore, d'après un théorème de géométrie (76),
$$a^2 = b^2 + c^2 - 2\,b \times AD. \text{ Or, } AD = c \cos A. \text{ Donc,}$$
$$(1) \qquad a^2 = b^2 + c^2 - 2\,bc \cos A.$$

On trouverait les mêmes relations pour les autres côtés.

SCHOLIE. — Quoique nous n'ayons parlé que du cas où la perpendiculaire tombe dans l'intérieur du triangle, il est facile de voir que les mêmes relations auraient lieu si elle tombait en dehors.

ARTICLE 2. — *Résolution des Triangles rectangles.*

28. Il y a quatre cas à considérer. On peut donner : 1° l'hypothénuse et un angle aigu ; 2° un côté de l'angle droit et un angle aigu ; 3° l'hypothénuse et un côté de l'angle droit ; 4° les deux côtés de l'angle droit.

1er Cas. *Données* a, B, les inconnues sont déterminées par les équations $C = 90° - B$, $b = a \sin B$, $c = a \cos B$; d'où (en employant les logarithmes), $\log b = \log a + \log \sin B - 10$, $\log c = \log a + \log \cos B - 10$.

SCHOLIE. — Les lignes trigonométriques des tables ayant été calculées pour un rayon égal à 10^{10}, leur logarithme est trop fort de 10 unités ; c'est pourquoi nous avons retranché 10 de chaque logarithme de ligne trigonométrique.

2e Cas. *Données b, B, on a les équations :*

$$C = 90^\circ - B, \quad c = b \cot B, \quad a = \frac{b}{\sin B}; \quad \text{d'où,}$$

$\log c = \log b + \log \cot B - 10$, $\log a = \log b + C^t \log \sin B$.

SCHOLIE. — Dans la dernière équation, $\log \sin B$ étant trop grand de 10 et le complément étant trop petit de 10, il n'y a rien à retrancher.

3e Cas. *Données a, b, on a :*

$$c = \sqrt{a^2 - b^2} = \sqrt{(a-b)(a+b)}, \quad \cos C = \frac{b}{a}, \sin B = \frac{b}{a}; \text{ d'où,}$$

$$\log c = \frac{\log(a-b) + \log(a+b)}{2}, \log \cos C = \log \sin B = \log b + C^t \log a$$

SCHOLIE. — A cause de $c^t \log a$, il faudrait retrancher 10 du second membre ; mais comme il faut le retrancher du premier à cause de $\log \sin B$, il y a compensation.

4e Cas. *Données b, c.* Les inconnues s'obtiennent par les équations $\tan B = \frac{b}{c}$, $\tan C = \frac{c}{b}, a = \frac{b}{\sin B}$; d'où,

$\log \tan B = \log b + C^t \log c$, $\log \tan C = \log c + C^t \log b$, $\log a = \log b + C^t \log \sin B$.

RÉSOLUTION DES TRIANGLES QUELCONQUES.

29. La formule (1) du n° 27 suffirait pour résoudre tous les triangles dont on connaîtrait trois éléments autres que les trois angles ; mais comme elle n'est pas directement calculable par les logarithmes, on opère comme il va être dit.

Il y a quatre cas à considérer. On peut donner : 1° un côté et deux angles ; 2° deux côtés et l'angle compris ; 3° deux côtés et l'angle opposé à l'un d'eux ; 4° les trois côtés.

1er Cas. *Données a, B, A.* Les inconnues se déterminent par les équations.

$$C = 180^\circ - (A+B), \quad b = \frac{a \sin B}{\sin A}, \quad c = \frac{a \sin C}{\sin A}; \quad \text{d'où,}$$

$$\log b = \log a + \log \sin B + C^t \log \sin A - 10,$$

$$\log c = \log a + \log \sin C + C^t \log \sin A - 10.$$

2e Cas. *Données a, b. C.* Supposons, pour fixer les idées, $a > b$; on aura aussi $A > B$. La somme des angles A et B est donnée par l'équation

$$A + B = 180° - C.$$

La différence de ces angles est donnée par la proportion connue (2) du n° 26.

$a + b : a - b :: \tan \frac{1}{2}(A + B) : \tan \frac{1}{2}(A - B)$. On en tire :

$$\tan \frac{1}{2}(A - B) = \frac{a - b}{a + b} \tan \frac{1}{2}(180° - C); \text{ d'où,}$$

$\log \tan \frac{1}{2}(A-B) = \log(a-b) + C^t \log(a + b) + \log \tan \frac{1}{2}(180°-C) - 10$

L'angle $\frac{1}{2}(A - B)$, que nous représenterons par D, étant connu, on aura : $A - B = 2$ D; et comme $A + B = 180° - C$, il viendra enfin :

$$A = \frac{180° - C + 2D}{2}, \quad B = \frac{180 - C - 2D}{2}.$$

Le côté c s'obtiendra par la formule $c = \dfrac{a \sin C}{\sin A}$; d'où,

$$\log c = \log a + \log \sin C + C^t \log \sin A - 10.$$

3e Cas. *Données a, b, A.*

L'angle B sera donné par la formule $\sin B = \dfrac{b \sin A}{a}$; d'où,

$$\log \sin B = \log b + \log \sin A + C^t \log a - 10.$$

Comme à un même sinus répondent deux angles supplémentaires, il peut y avoir incertitude sur la valeur de l'angle B. Si l'angle A est obtus, B sera aigu ; si A étant aigu, on a : $a > b$, l'angle B sera moindre que l'angle A et sera encore aigu. Si l'on a en même temps $A < 90°$ et $a < b$, les deux valeurs de B répondent à la question, pourvu que le côté a soit plus long que la perpendiculaire abaissée du sommet C sur le côté c ; car, si le côté a était égal à cette perpendiculaire, l'angle B serait droit.

L'angle $C = 180 - (A + B)$.

Dans le cas de la double solution, C a deux valeurs.

Enfin, le côté c sera donné par la formule :

$$c = \frac{a \sin C}{\sin A}; \text{ d'où,}$$

$$\log c = \log a + \log \sin C + C^t \log \sin A - 10.$$

4ᵉ **Cas.** — *Données a, b, c.* La formule (1) du nº 19

$$\sin \tfrac{1}{2} A = \sqrt{\frac{1-\cos A}{2}}$$

En remplaçant cos A par sa valeur tirée de l'équation

$$a^2 = b^2 + c^2 - 2bc \cos A, \text{ on a :}$$

$$\sin \tfrac{1}{2} A = \sqrt{\frac{2\,bc - b^2 - c^2 + a^2}{2\,bc}} = \sqrt{\frac{a^2 - (b-c)^2}{2\,bc}} =$$

$$\sqrt{\frac{(a+b-c)\,(a-b+c)}{2\,bc}}$$

Si l'on fait $\quad a+b+c = 2\,p$; d'où,

$$a+b-c = 2\,(p-c)\,, \quad a-b+c = 2\,(p-b),$$

l'expression de $\sin \tfrac{1}{2} A$ devient, par la substitution de ces valeurs :

$$\sin \tfrac{1}{2} A = \sqrt{\frac{(p-c)\,(p-b)}{bc}}$$

De même, la formule (2) du nº 19

$$\cos \tfrac{1}{2} A = \sqrt{\frac{1+\cos A}{2}}, \text{ devient}$$

$$\cos \tfrac{1}{2} A = \sqrt{\frac{p\,(p-a)}{bc}},$$

En divisant $\sin \tfrac{1}{2} A$ par $\cos \tfrac{1}{2} A$, on a enfin :

$$\tan \tfrac{1}{2} A = \sqrt{\frac{(p-c)\,(p-b)}{p\,(p-a)}}$$

(On ne doit prendre que le signe + du radical, parce que $\tfrac{1}{2} A$ ne peut égaler ni, à plus forte raison, surpasser un angle droit).

Cette formule donne :

$$\log \tan A = \tfrac{1}{2} \left[\log (p-c) + \log (p-b) + C^t \log p + C^t \log (p-a) \right]$$

On obtiendrait des formules analogues pour les angles B et C.

Observation générale. — Nous avons supposé que les données satisfaisaient aux conditions que doivent toujours remplir les éléments d'un triangle, à savoir : que la somme des trois angles soit égale à deux angles droits, et qu'un côté quelconque soit moindre que la somme des deux autres.

PROBLÈMES DE TRIGONOMÉTRIE.

Quand on emploie la trigonométrie à mesurer les distances, on imagine les points que l'on considère joints par des droites idéales ; les angles de ces droites se déterminent avec beaucoup de précision à l'aide de divers instruments, tels que la boussole, le graphomètre, le cercle répétiteur, etc. Comme les longueurs des lignes sont plus difficiles à obtenir, on n'en mesure ordinairement qu'une seule. La droite à mesurer s'indique au moyen de jalons intermédiaires, quand elle est sur le terrain, et on a sa longueur avec la chaîne d'arpenteur.

Nous allons donner quelques exemples :

1° *Déterminer la distance d'un point accessible à un autre point inaccessible.*

Par le point accessible, on jalonne sur le terrain supposé horizontal une ligne qu'on mesure ; on joint par la pensée les extrémités de cette ligne avec le point donné ; on a ainsi un triangle dont on connaît la base ; puis, on mesure les angles que font les deux côtés avec cette base, ce qui donne les trois éléments suffisants pour calculer le côté demandé.

2° *Déterminer la distance de deux points inaccessibles.*

Ces deux points et celui où se trouve l'observateur déterminent un triangle. L'angle dont le sommet est au lieu de l'observation peut être facilement mesuré ; les côtés qui le comprennent s'obtiennent par le procédé du problème précédent.

3° *Mesurer la hauteur d'une tour dont le pied est accessible.*

On jalonne sur le terrain supposé horizontal une ligne dont une extrémité se trouve au pied de la tour, et on mesure cette ligne ; puis, à l'autre extrémité, on mesure l'angle formé par la ligne horizontale avec celle qui joint cette extrémité au sommet de la tour ; on a ainsi des données suffisantes pour résoudre le triangle rectangle formé.

4° *Mesurer la hauteur d'une montagne.*

Cette hauteur appartient à un triangle rectangle dont on peut mesurer l'hypothénuse au moyen d'un autre triangle, et l'angle formé avec le niveau de la plaine.

FIN.

TABLE DES MATIÈRES.

FIN DE LA TABLE.

DU MÊME AUTEUR :

PREMIÈRE PARTIE. ARITHMÉTIQUE. — DEUXIÈME
PARTIE. ALGÈBRE.

Les trois parties peuvent être réunies ou séparées.